しくみ図解

電気回路が一番わかる

直流と交流の違いから複素数まで理解できる

有馬良知 著

技術評論社

はじめに

「複素数って何だろう」

「複素数って聞いたことがあるけど訳がわからない」

「複素数と電気回路に何の関係があるのだろう」

電気は止まっている電気と動いている電気があります。電気は動くことによっていろいろな働きをしますが、電気が動くためには電気回路が必要になります。そして、電気回路がどのように働くのかを知るためには、電気回路のそれぞれの部位にどのくらいの電流が流れ、どのくらいの電圧がかかるのかを考える必要があります。しかし、電気は目に見えないものなので、電気の理論や法則に基づいて予想しなければなりません。

直流の電気回路は、比較的簡単な計算で電気回路の状態を予想することができますが、交流の電気回路は「波形」や「位相」など直流回路にはない概念が存在するため、「複素数」という数を用いて考える必要があります。「複素数」は使いこなすことができれば非常に便利なのですが、ただでさえとっつきにくい交流の電気回路を、複雑怪奇な「複素数」で考えられるようになるのは、骨の折れる努力が必要なのではと、「複素数」が大きな壁になっているのも事実です。

そこで、本書ではまず電気の基本や直流と交流の違いを考え、その次になぜ交流の電気回路の解析に「複素数」が必要なのか、「複素数」を理解し、使いこなすコツは何か、「複素数」を実際に活用するにはどのように扱うのかという 3 つのポイントに着目してみました。この 3 つのポイントはきっと「複素数」の壁を壊す一助になると思っています。

本書を手に取られた一人でも多くの方が、「複素数」というツールを自由自在に使いこなせる様になられることを、心より祈念しております。

有馬　良知

電気回路が一番わかる

目次

はじめに・・・・・・・・・・・・・・3

第1章 電気のしくみ・・・・・・・・・・・・・・9

1 懐中電灯のしくみ・・・・・・・・・・・・・・10
2 原子と電子・・・・・・・・・・・・・・12
3 電子の振る舞い・・・・・・・・・・・・・・14
4 電流は正電荷の流れ・・・・・・・・・・・・・・16
5 電流の特徴・・・・・・・・・・・・・・18
6 電子はノロノロ動く・・・・・・・・・・・・・・20
7 電気を流す力＜電圧＞(1)・・・・・・・・・・・・・・22
8 電気を流す力＜電圧＞(2)・・・・・・・・・・・・・・24
9 電気の流れを妨げる力＜抵抗＞(1)・・・・・・・・・・・・・・26
10 電気の流れを妨げる力＜抵抗＞(2)・・・・・・・・・・・・・・28
11 電気のエネルギー＜電力＞・・・・・・・・・・・・・・30
12 電力量・・・・・・・・・・・・・・32

第2章 直流回路入門・・・・・・・・・・・・・・35

1 直流とは・・・・・・・・・・・・・・36
2 電圧、電流、抵抗の関係（オームの法則）・・・・・・・・・・・・・・38
3 ショートとは・・・・・・・・・・・・・・40
4 抵抗の直列接続・・・・・・・・・・・・・・42

5 抵抗の並列接続……………44
6 電圧の配分（分圧）……………46
7 分流……………48
8 キルヒホッフの法則（電流則）……………50
9 キルヒホッフの法則（電圧則）……………52
10 電池の直列接続……………54
11 電池の並列接続……………56
12 電球の直列接続と並列接続の違い（1）……………58
13 電球の直列接続と並列接続の違い（2）……………60

第3章 静電気と磁気……………63

1 動く電気と動かない電気……………64
2 電界……………66
3 クーロンの静電界の法則……………68
4 静電誘導……………70
5 コンデンサのしくみ……………72
6 静電容量……………74
7 磁石……………76
8 磁界……………78
9 クーロンの静磁界の法則……………80
10 磁気誘導……………82
11 コイルのしくみ……………84
12 フレミング左手の法則……………86
13 フレミング右手の法則……………88
14 自己誘導作用……………90
15 相互誘導作用……………92

第4章 交流回路入門……………95

1 交流とは……………96
2 正弦波交流……………98
3 周波数……………100
4 瞬時値……………102
5 実効値……………104
6 最大値と平均値……………106
7 交流回路の抵抗、コンデンサ、コイル……………108
8 コンデンサ……………111
9 容量リアクタンス……………113
10 コイル……………115
11 誘導リアクタンス……………117
12 位相……………119
13 位相差……………121
14 インピーダンス……………123
15 交流の電力……………125
16 力率……………127
17 力率改善……………129
18 単相交流の配電方式……………131
19 三相交流の配電方式……………133
20 三相の特徴……………135

第5章 複素数入門・・・・・・・・・・・・・・137

1 複素数とは・・・・・・・・・・・・・・138
2 複素数とベクトル・・・・・・・・・・・・・・140
3 複素数の合成・・・・・・・・・・・・・・142
4 三角関数・・・・・・・・・・・・・・144
5 単位円・・・・・・・・・・・・・・146
6 いろいろな三角関数・・・・・・・・・・・・・・148
7 極座標表示・・・・・・・・・・・・・・150
8 極座標表示の和差積商・・・・・・・・・・・・・・152
9 60分法と弧度法・・・・・・・・・・・・・・154
10 正弦波交流の瞬時式・・・・・・・・・・・・・・156
11 リアクタンスのベクトル・・・・・・・・・・・・・・158
12 インピーダンスのベクトル・・・・・・・・・・・・・・160
13 電力のベクトル・・・・・・・・・・・・・・162
14 さまざまな複素数の表し方・・・・・・・・・・・・・・164
15 複素数の活用 (1) ＜力率＞・・・・・・・・・・・・・・166
16 複素数の活用 (2) ＜三相交流＞・・・・・・・・・・・・・・168

参考文献・・・・・・・・・・・・・・170
資料：電気公式集・・・・・・・・・・・・・・171
用語索引・・・・・・・・・・・・・・173

コラム｜目次

電気回路のトラブル①　短絡・・・・・・・・・・・・・・34
電気回路のトラブル②　漏電・・・・・・・・・・・・・・62
電気回路のトラブル③　トラッキング・・・・・・・・・・・・・・94
電気回路のトラブル④　感電・・・・・・・・・・・・・・110
電気回路のトラブル⑤　雷・・・・・・・・・・・・・・170

第1章

電気のしくみ

私たちのまわりには、たくさんの電気回路があります。電気回路は簡単なものから複雑なものまでさまざまありますが、ここでは最も簡単な電気回路といえる懐中電灯を例にとり、電気回路のなかで起きていることを見ていきましょう。

1-1 懐中電灯のしくみ

●なぜ電球は光るのか

私たちの身近にある電気回路で、最もシンプルなものは懐中電灯かもしれません。当たり前ですが、懐中電灯は電池を入れて、スイッチを入れると電球が光ります。なぜ電球は光るのかを考えると、「電池から電球に電気が流れるから」という答えが思い浮かびます。そこで、電球に流れる電気とはどんなものか考えてみます。

●電気回路と水の回路

電気は目に見えず、イメージがしづらいため、電気回路によく似ている「水の回路」で考えてみましょう。ここで考える「水の回路」は、バケツ、ポンプ、蛇口、ホースで構成されます。バケツからポンプで水を汲み上げ、その水を蛇口からホースで送ります。ホースは何メートルか引き回して、ホースの先はバケツに入れます。すると、ポンプを運転させると水はポンプ、ホース、バケツをぐるぐる循環し続けます。このように、ぐるっと1周することができるルートを**回路**といいます。

ホースの途中を足で軽く踏んでみると、ホースに流れる水の量が減り、水の流れが妨げられたことがわかります。実は、懐中電灯の回路でも、この「水の回路」と同じようなことが起こっています。懐中電灯の中身は、電池、電線、電球、スイッチからなります。「水の回路」のポンプと同じように、電池は電気をプラス極から送り出す働きがあります。「水の回路」のホースは電線に相当します。ホースの中に水が流れるように、電線の中に電気が流れます。「水の回路」のホースを足で踏んでいる箇所は、電球です。電球は電気を使って光りますが、そのかわり電気の流れを妨げる作用があります。「水の回路」の蛇口は懐中電灯のスイッチです。スイッチは蛇口と同じように、電気を流したり止めたりする役割を担っています。

したがって、「水の回路」の水は、懐中電灯の回路に流れている電気と考えられます。

図 1-1-1 「水の回路」

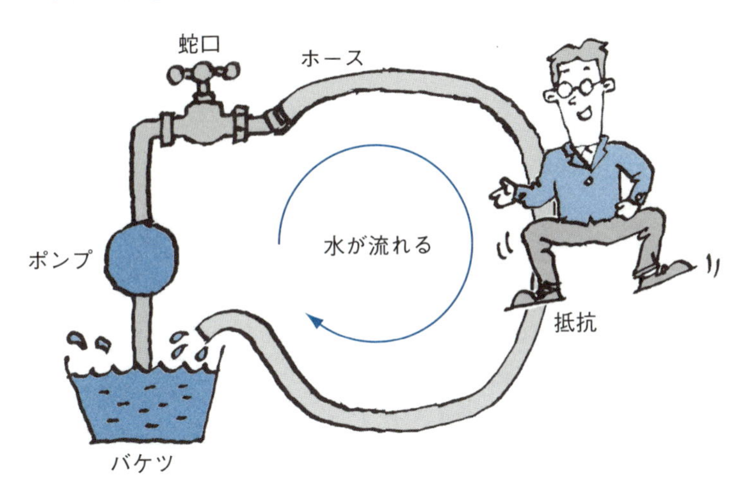

図 1-1-2 懐中電灯の電気回路

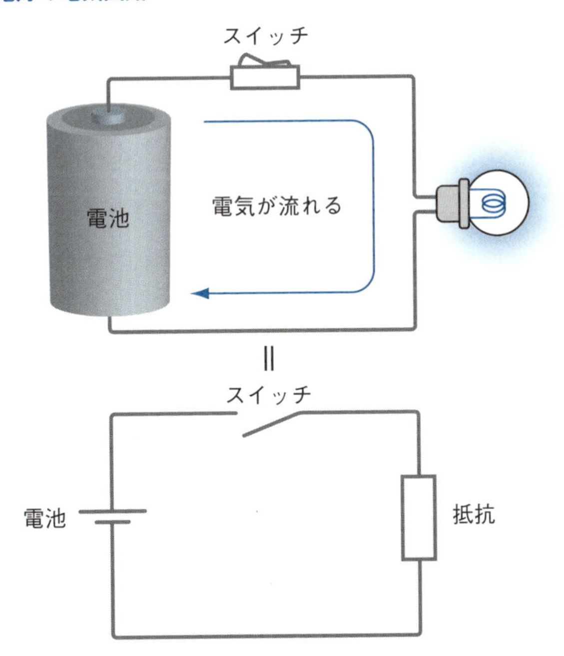

1-2 原子と電子

●物質は原子からできている

水の回路には水が流れますが、電気回路には電気が流れます。この電気の流れとは、**電子の流れ**です。

電子とは何かを知るためには、**原子**について知る必要があります。私たちの周りにある、あらゆる物質は原子からできています。原子の大きさは原子の種類によりますが、約 10^{-10}[m]です。10^{-10} とは $1/10^{10}$ という意味ですから、原子は 1/100 億［m］という非常に小さいものということになります。

原子の構造はよく太陽系に例えられます。太陽系は中心に太陽があり、その周りを水星、金星、地球などの惑星が回っています。原子は、中心に**原子核**があり、その周りを電子が回っています。

原子核は、**陽子**と**中性子**からできています。陽子と中性子の大きさは約 10^{-15}［m］、質量は、陽子が 1.673×10^{-27}［kg］、中性子が 1.675×10^{-27}［kg］です。その原子核の周りを、質量が 9.109×10^{-31}［kg］の電子が回っています。陽子、中性子、電子の数は原子の種類によって異なっています。例えば、水素は1つの陽子の周りを1つの電子が回っていて、ヘリウムは2つの陽子と2つの中性子の周りを2つの電子が回っています。

●陽子・中性子・電子の特徴

さまざまな電気現象の源になる小さな粒を**電荷**といい、その量を**電荷量**といいます。電荷にはプラスとマイナスの2種類あり、それぞれを**正電荷**、**負電荷**といいます。正電荷と負電荷は引き付け合い、正電荷どうし、負電荷どうしは反発しあう特性があります。陽子は正電荷を持ち、電子は負電荷を持っているため、陽子と電子は引き付け合い、陽子どうし、電子どうしは反発しあう力が働きます。この力を**電気力**や**クーロン力**といいます。

また、物質の電荷の総量は、外部との間で出入りをしない限り、変化しないという重要な特性があります。つまり、陽子や電子の一方が生まれたり、消えたりすることはありません。

原子が持つ陽子、電子、中性子の数は原子の種類ごとに決まっていて、普段は陽子の数と電子の数は同じになっています。そして、陽子が持つ正電荷と電子が持つ負電荷は同じ量であり、中性子は文字どおり中性で電荷がゼロなので、原子全体で見ると正電荷と負電荷は同量となり、電気的に打ち消し合って中性になっています。中性の状態の原子が刺激を受けることにより正電荷と負電荷のバランスが狂うと電気的な特徴が出てくる状態になり、これを**帯電**といいます。下敷きをこすると静電気が起きるのは、**摩擦**という刺激が加わったため、下敷きの原子が帯電することによります。

図 1-2-1　原子の構造

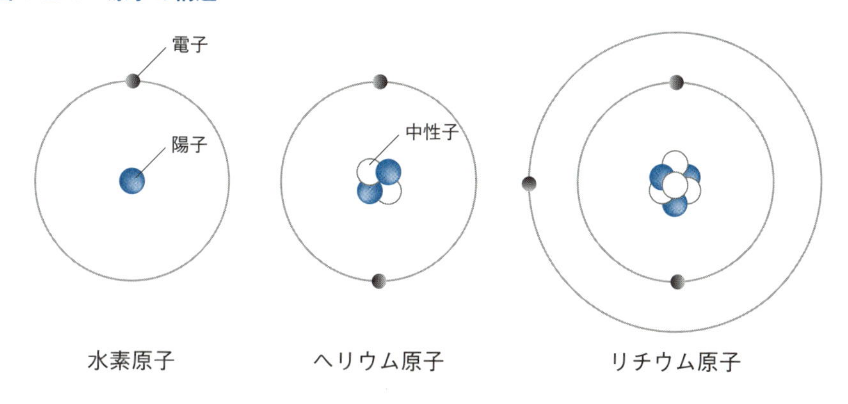

図 1-2-2　正電荷、負電荷の反発と吸引

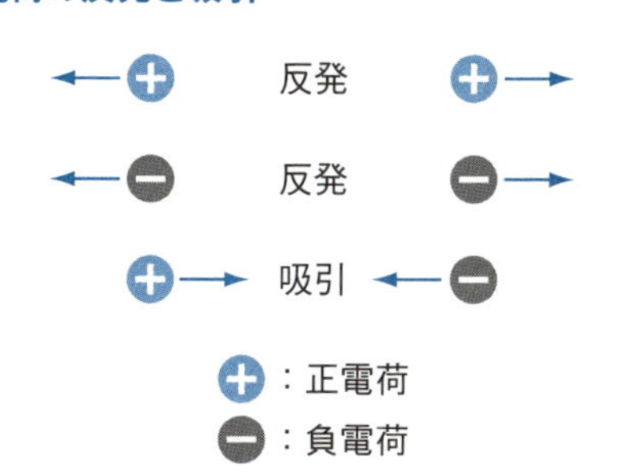

1-3 電子の振る舞い

●電子の配置

原子核の周りには、電子が配置される球殻状の軌道が何重にもあります。これを**電子殻**といいます。それぞれの電子殻に配置できる電子の数には限度があり、その最大数は内側の電子殻から順番に2個、8個、18個となっています。電子は内側の電子殻から順に配置され、電子殻の電子の数が最大数を超えると、次の電子殻に電子が配置されることになります。

●価電子とは

最も外側の電子殻に配置される電子を**価電子**といい、その電子の数を**価電子数**といいます。価電子数が最も外側の電子殻に配置できる電子の最大数に達すると、原子は安定して他の元素と化学反応を起こしにくい状態になります。原子は安定を求める性質があるため、その状態にしようとする性質があります。

電気的に中性であった原子から価電子が飛んでいってしまうと、電子の数に比べて陽子の数が多くなるため、原子はプラスの電気を持つことになり、このような状態の原子を**プラスイオン**といいます。また、電気的に中性であった原子に電子が飛びこんで来ると、陽子の数に比べて電子の数が多くなるため、原子はマイナスの電気を持つことになり、このような状態の原子を**マイナスイオン**といいます。

●束縛電子と自由電子

ゴムやガラスなど電気を流しにくい物質は、原子核と電子が強く結びついていて、電子が離れにくくなっています。このような電子を**束縛電子**といいます。一方、銅やアルミなどの金属は、電子が原子核から離れて行ったり、他の原子の電子殻に飛び込んだりすることができます。このように原子核から離れて動く電子を**自由電子**といいます。この原子核と電子の結びつきの強さが電気の流れやすさに影響しています。

図 1-3-1　電子の配置

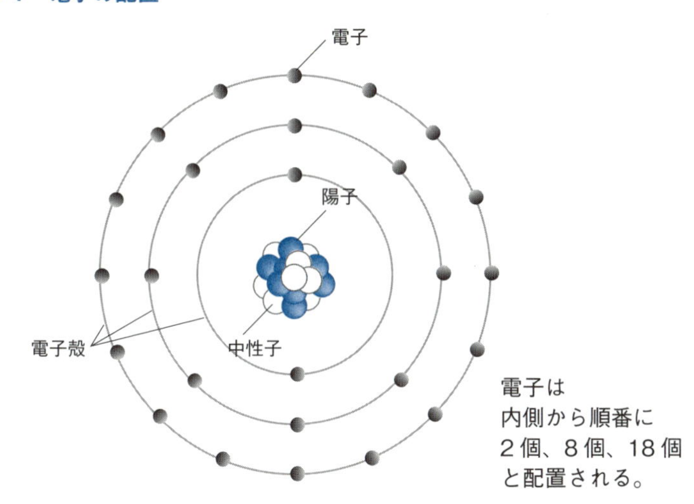

図 1-3-2　イオンになるしくみ

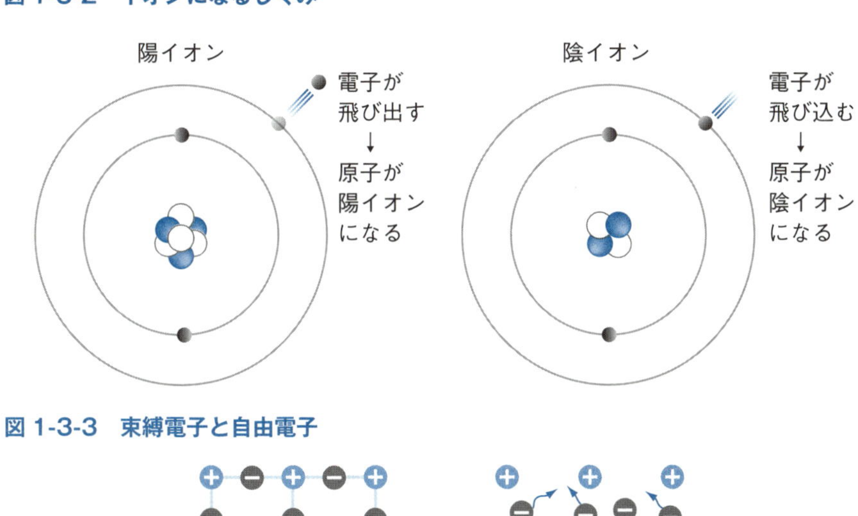

図 1-3-3　束縛電子と自由電子

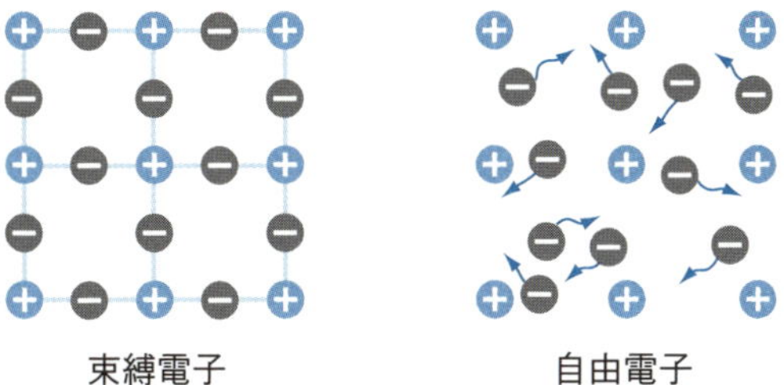

1-4 電流は正電荷の流れ

●電子はマイナスからプラスに流れる

電池を電球につなぐと自由電子が流れます。この自由電子の流れを**電流**といい、単位はアンペア［A］を用います。例えば、身近にあるものの使用時に流れる電流は、蛍光灯で0.1［A］から0.5［A］くらい、ドライヤーやポットで10［A］くらいです。

電気の強さ、大きさ、量を表す数値には、代表的なものとして電圧、電流、電力がありますが、このうち電流は「水の回路」の水流のように流れるもの、またはその流れる量になります。昔、電流は**電液**と呼ばれていたそうですが、電流の特徴をわかりやすく表しています。

注意しなければならないのは、電子の流れる方向と電流の流れる方向は反対方向であるということです。懐中電灯の回路では、電流は電池のプラス極から電球を通ってマイナス極に向かって流れると考えますが、電子は電池のマイナス極から電球を通ってプラス極に流れます。電子は負電荷を持っているため、電子の流れとは逆に正電荷が流れていると考え、正電荷の流れる方向を電流の流れる方向としています。

●なぜ反対方向なのか

電子の流れる方向と、電流の流れる方向が反対というのは非常にややこしい話です。なぜ反対になってしまったのかというと、18世紀に電流がプラスからマイナスに流れると決めたあと、19世紀の終わりから20世紀の初めに負電荷を持つ電子がマイナスからプラスに流れているということがわかったためです。それがわかったときには、電流はプラスからマイナスに流れるという考え方が浸透していたため、訂正されずに現在に至っています。

また、負電荷を持つ電子の流れと反対方向に正電荷が流れていると考えても、電気の法則には支障がありません。ただし、実際は固体の中を正電荷が自由電子のように移動することはできないため、正電荷が電線を流れることはありません。

図 1-4-1　電流と電子が流れる方向

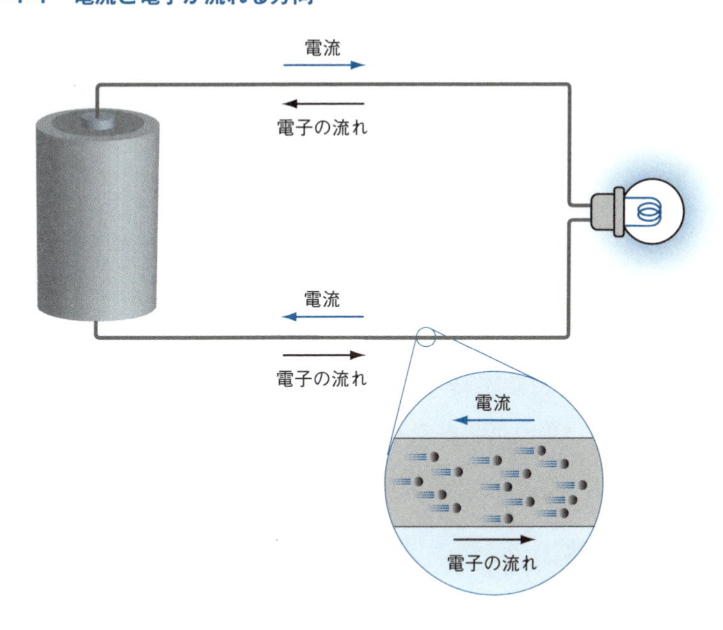

図 1-4-2　負電荷と正電荷が流れる方向は反対

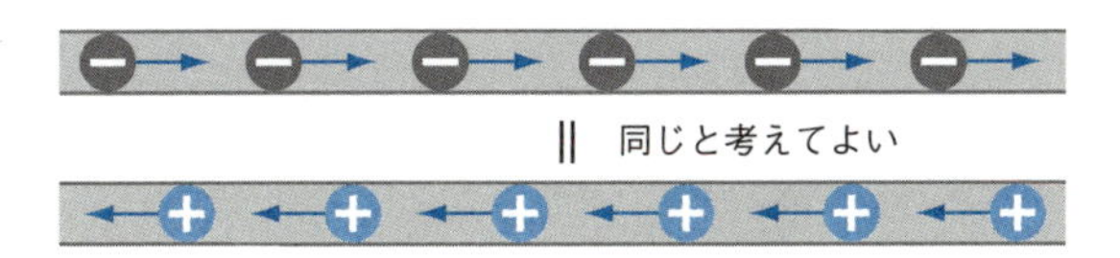

1-5 電流の特徴

●電流の大きさ

電池と電球を電線でつなぐと、電線に分岐や合流がなければ、電線のどの部分も同じ大きさの電流が流れます。ホースに流れる水と同じで、電流が増えたり減ったりすることはありません。なぜなら、電流は電気エネルギーの運び手の役割を担っているだけで、電流自体が電球で消費されるものではないからです。

電流の大きさは、1秒間に電線の断面に流れる電荷の量で表します。電荷の量の単位はクーロン［C］を用います。1［A］の電流が流れているとき、1秒間に1［C］の電荷が流れていることになります。電子は1つあたり 1.60×10^{-19}［C］の負電荷を持っているので、1［C］は約624京1509兆6291億個という膨大な数の電子になります。つまり、電線に1［A］の電流が流れていると、1秒間に約624京の電子が流れていることになります。

●電流が流れる条件

電流はぐるっと1周できる回路がないと流れることができません。したがって、回路の途中で電線が切れていると、水の回路のホースを完全に踏み潰して水が流れなくなっている状態と同じように、電流は流れることができなくなります。この特性を利用したものがスイッチで、懐中電灯のスイッチは電池と電球をつないだり切ったりすることによって、電流を流したり止めたりしています。これは「水の回路」で考えると蛇口にあたります。

電流が流れるためには、電池などの電源が必要になります。「水の回路」にポンプがないと、ホースの中の水が流れないのと同じで、電気回路に電源がないと、電線の中の電子が流れない状態になります。電流が流れていない導体の中では、自由電子が各自バラバラの方向に動いていて、そこに電源から電圧をかけると、自由電子はみな同じ方向に動き出し、電流になるのです。

図 1-5-1　電流の大きさ

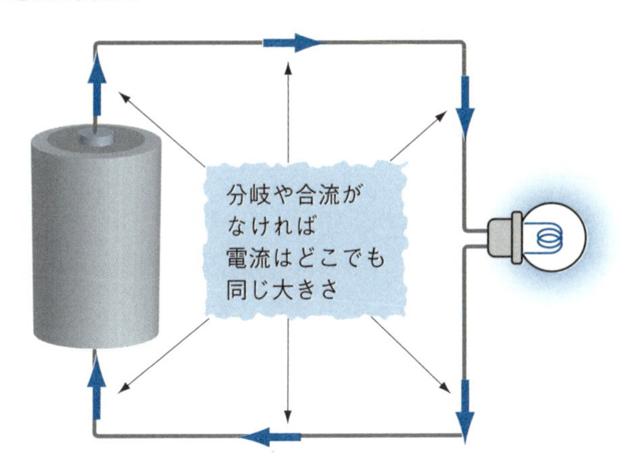

図 1-5-2　回路の途中が切れると電球は消える

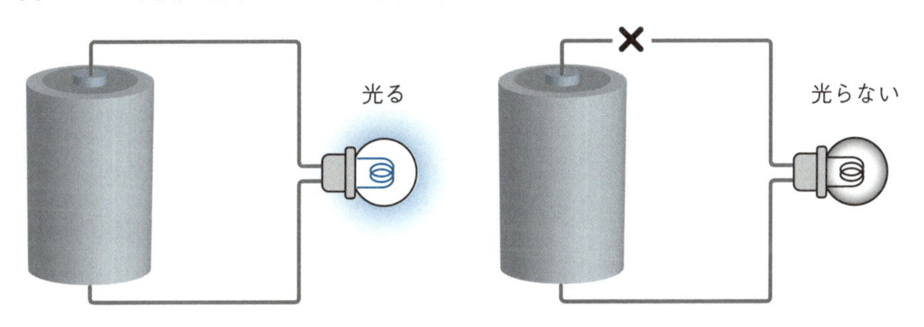

図 1-5-3　導体の中の電子

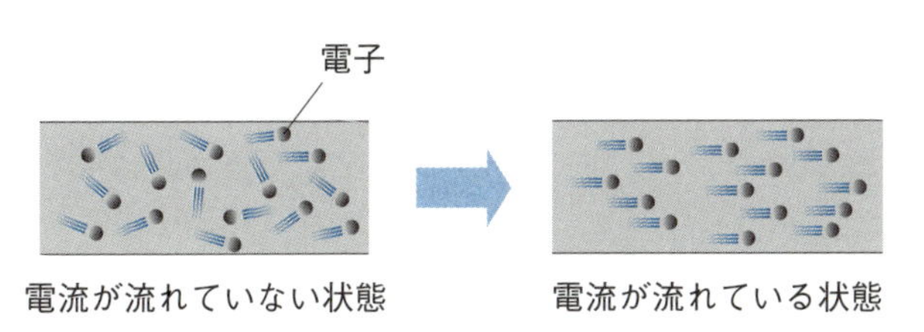

1-6 電子はノロノロ動く

●電子が流れる速さ

電池と電球をつなぐと電子が流れますが、この電子が流れる速さはどのくらいでしょう。懐中電灯のスイッチを入れると同時に電球が光るので、電子はものすごいスピードで流れているのではないかと想像しますが、実際は相当ノロノロな動きです。

例えば、断面積1［mm^2］の銅線に1［A］の電流が流れているとき、電子の流れる速さは約0.1［mm/秒］です。0.1［mm/秒］というのは、1分でやっと6［mm］進むという非常に遅い速度です。これでは電球と電池を10［cm］の電線2本でつないだ場合、電池のマイナス極から流れ出た電子が電球に到着するには16分以上もかかることになります。

ところが、電球と電池を電線でつなぐとすぐに点灯します。これは、電池から流れ出した電子が電球に到着して電球が点灯するのではなく、電球と電池を電線でつないだ瞬間に、回路全体に分布していた電子がほぼ一斉に動き出すためです。つまり、水で満たされたホースのように、電線は常に電子で満たされていることになります。

●電子は電界の影響で動く

電池と電球を電線で接続すると、電子を動かす力が回路全体に伝達されます。この電子を動かす力を**電界**といいます。電界は1秒間に地球を7周半する光速に近い速さで伝達され、その力を受けて電子が動き始めることになります。

「水の回路」では、ホースの中の水が後から来た水に押されて動きますが、電気回路では電子が押し出されるというよりも、電子自身が電界の作用で動き出す形になっています。

図 1-6-1　電子が流れる速さ

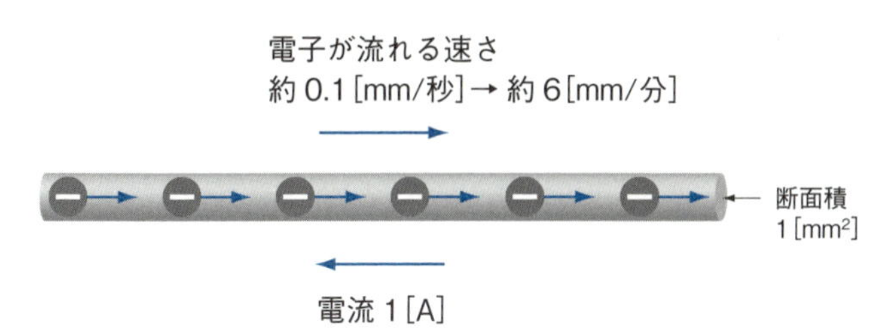

図 1-6-2　電子は一斉に動く

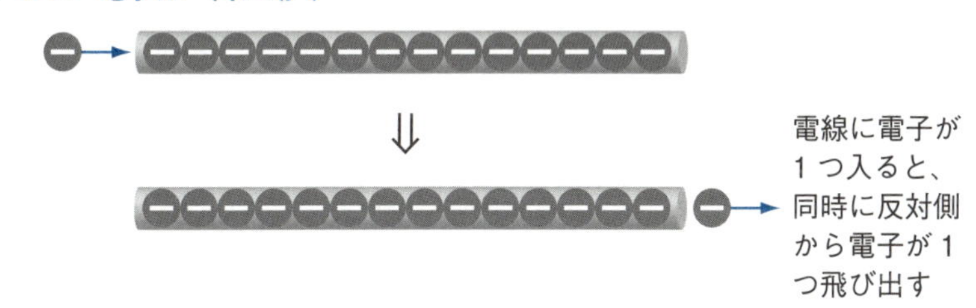

1-7 電気を流す力<電圧>(1)

●電圧は水圧のようなもの

電池と電球の回路では、電池が「水の回路」のポンプのように、電流を流そうとする働きがあります。この働きの強さを**電圧**といい、単位はボルト[V]を用います。電圧は、「水の回路」の水圧に相当するため、流れるものではなくかかるものになります。

一般的な電池は1.5［V］、コンセントは100［V］、電柱の電線は6600［V］の電圧がかかっています。電気には直流と交流がありますが、直流750［V］以下、交流600［V］以下を**低圧**、直流は750［V］を超え7000［V］以下、交流は600［V］を超え7000［V］以下を**高圧**、直流、交流ともに7000［V］を超えるものを**特別高圧**といいます。

●電圧の分布

懐中電灯の回路で、電圧について考えてみます。まずは懐中電灯の回路を「水の回路」に変換します。図1-7-1では、点Aのバケツの水がポンプに汲み上げられ、点Bのところは水圧が高くなっています。そして、点Cの蛇口を開けると「水の回路」に水が流れ出します。点Dのところでは、ホースがつぶれていて水が流れにくくなっているため、点Bから点Dまでのホースはパンパンにふくらんでいます。点Eを過ぎると水の流れを妨げるものはないため、ホースの膨らみは弱まります。

この「水の回路」の水圧の分布をグラフにすると、図のようになります。ポンプによってかけられた水圧はホースがつぶれて水の流れを妨げている部分にかかり、その後はバケツに戻るのに必要な僅かな水圧が残っていますが、ほぼゼロになっています。

「水の回路」から電気回路に戻してみます。電池を通過すると電圧が上昇します。スイッチを入れると回路に電流が流れます。電球は抵抗があるので電流が流れにくくなっていて、電球の前は電圧が高く、電球の後は電圧が低くなっています。

このように、電気回路は回路の部位によって電圧が高い部分と低い部分があります。

図 1-7-1　部位ごとの水圧と電圧

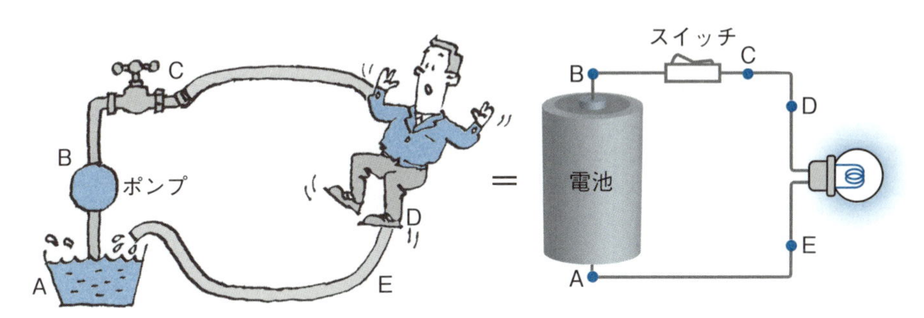

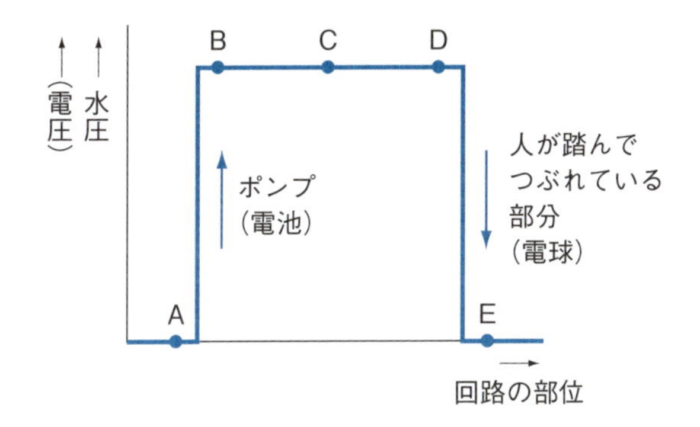

1-8 電気を流す力<電圧>(2)

●電圧、電位、電位差の違い

単位にボルト［V］を用いるのは電圧だけではなく、電位や電位差もボルト［V］で表します。電位、電位差と電圧の違いを見てみましょう。

電気回路のどこか1点を基準にし、その基準点に対する各所の電圧の差を**電位**といいます。また、2点間の電位の差を**電位差**といいます。「水の回路」で考えると、電位は水位、電位差は水位差にあたります。

電位と電位差を懐中電灯の回路で考えてみます。電位の基準点はどこでもよいのですが、ここでは一番電位が低くなる電池のマイナス極とします。一番電位が低い部分を基準点とすることで、他の部分の電位を表したときにマイナスにならず、わかりやすいからです。

電池のマイナス極から見ると、電池のプラス極は電池の電圧の分、電位が高くなっています。電池のプラス極から電球までは電線だけなので、電位を上げたり下げたりするものはありません。電球は電流の流れを妨げるため、電球を通過したあとは電位が下がり、電球から電池のマイナス極までは電線だけなので基準点である電池のマイナス極と同じ電位になります。この懐中電灯の回路の場合、電池や電球の両端にかかる電位の差が電位差となります。

電気回路で重視されるのは電位差で、電位はあまり注目されません。例えば、ビルで考えると、電位は階、電位差は階数の差と考えられます。私たちが階段で10階から20階まで10フロア上がるのと、50階から60階まで10フロア上がるのは、同じエネルギーを消費するのと同じで、電気回路ではある2つの点の間にどのくらいの電位差がかかっているのかが重要なため、電位よりも電位差が重視されます。

●起電力とは

起電力も単位にボルト［V］を用います。起電力は電流を流す力のことで、電池のプラス極とマイナス極の間にかかる電圧は**起電力**ともいいます。

図 1-8-1　電位と電位差

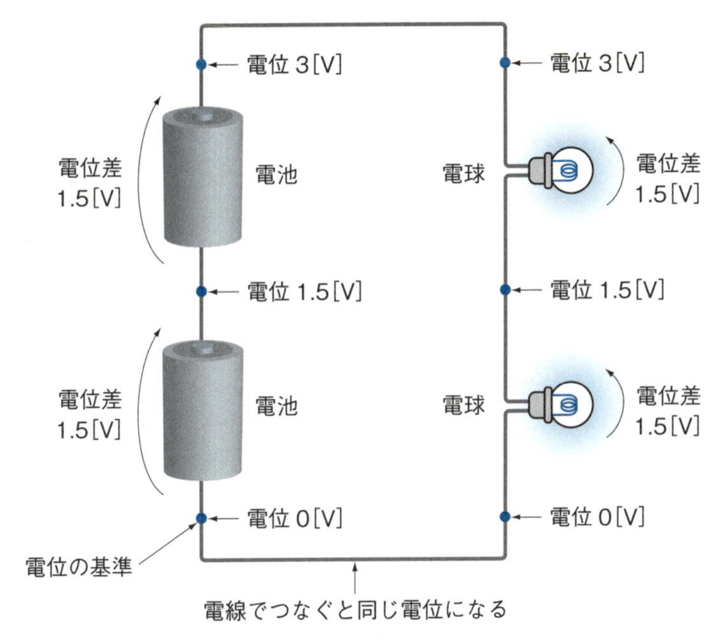

図 1-8-2　電位と電位差のイメージ

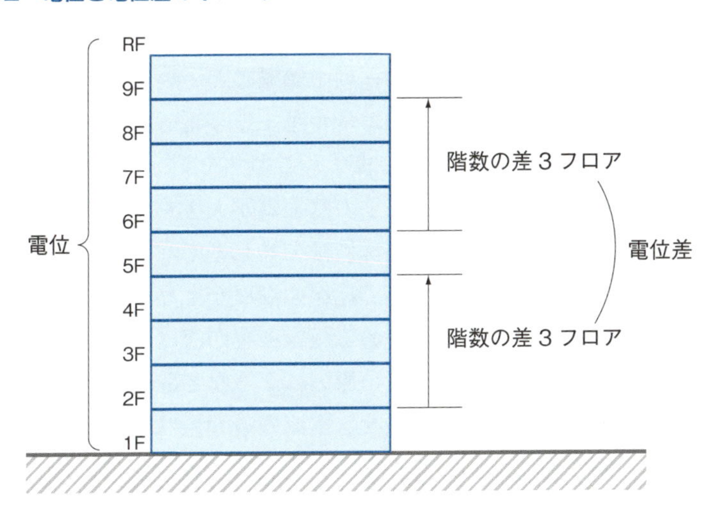

1-9 電気の流れを妨げる力 <抵抗>(1)

●抵抗は電流の流れにくさを表す

金属を流れる電子は、金属の原子にぶつかりながら流れるため、導体には電子の流れを妨げる作用があります。これを**抵抗**といい、単位はオーム［Ω］を用います。1［Ω］は1［V］の電圧をかけたときに1［A］の電流が流れる抵抗です。

抵抗は、「水の回路」で考えるとホースがつぶされている部分に相当します。ホースのつぶされ具合が大きくなると、抵抗が大きくなって流れる水の量が減ります。電気回路も同様で、抵抗値が小さい物質は電流が流れやすくなり、逆に抵抗値が大きい物質は電流が流れにくくなります。抵抗値が小さい物質を**導体**、抵抗値が大きい物質を**不導体**といいます。

電線は電流を効率的に流せるよう、抵抗値が小さい方がよいのですが、電気回路ではあえて抵抗を大きくしたい場合もあり、その場合は一定の抵抗値を持たせた抵抗器という電気部品を使用します。

●ジュール熱

原子は常に振動しています。この振動を**熱振動**といいます。電流が流れると、電子が原子とぶつかって原子にエネルギーを与えるため、原子はそのエネルギーでさらに振動し熱を発生します。この熱を**ジュール熱**といいます。ジュール熱で温度が上昇すると、原子の熱振動が大きくなり、さらに電子の流れを邪魔するようになるため、抵抗値は上昇します。

電線に電流を流すと、ジュール熱で電線の温度が上昇します。温度が高くなってくると、電線の導体に巻いてある絶縁被覆が溶け、絶縁が保てなくなります。最悪の場合、焼損して火災の原因になるなど危険な状態になることもあります。したがって、電線に流せる電流の最大値は絶縁被覆の耐熱性を考慮して決められています。

図 1-9-1　電圧、電流、抵抗の関係

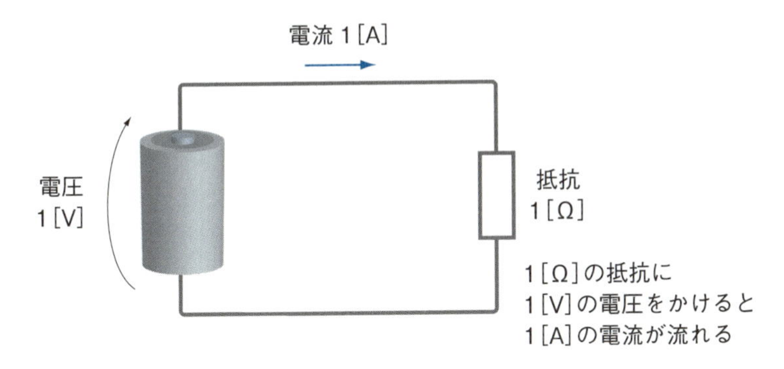

図 1-9-2　電子の流れの邪魔をする原子

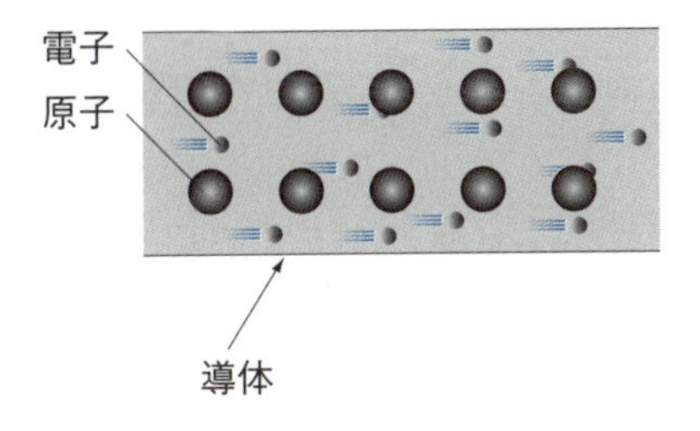

1-10 電気の流れを妨げる力 <抵抗>（2）

●抵抗率と導電率

ホースで水を送る場合、細く長いホースより太く短いホースの方が水が流れやすいのと同じで、電線も細く長い電線より太く短い電線の方が抵抗が低くなり、電流が流れやすくなります。

また、電線は導体の太さや長さが同じであっても、銅やアルミニウムなど導体の材質によって抵抗値は異なるため、異なる材質の抵抗値を比較するときは、1［m］×1［m］×1［m］の立方体の抵抗値で比較します。この立方体の抵抗値を**抵抗率**といい、単位はオームメートル［Ω·m］を用います。

●抵抗率の使い分け

電線は電気を無駄なく送れる方が効率がよいので、電線の導体にふさわしいのは、電気が流れやすい抵抗率が低い物質になります。普通の電線には銅が使用されることが非常に多いです。また、送電線は鉄塔に固定するため、なるべく電線の重量を軽くした方が鉄塔の間隔を長くできるため、送電線にはアルミニウムが使用されます。

逆に、電線の絶縁被覆にふさわしいのは、電気が流れにくい抵抗率が高い物質で、ビニールやポリエチレンなどが使用されます。

電気をたくさん流したい部分は、抵抗率が低い導体を太く短くなるように使用する必要があります。また、肉厚なホースは丈夫であるのと同様に、電気を流したくない部分は、抵抗率が高い絶縁材を厚く使用しています。

超電導などの特別なものを除くと抵抗ゼロの電線はなく、ほんのわずかながら抵抗があります。電線の抵抗は懐中電灯の回路のような小さな電気回路を考える上では無視できるオーダーの抵抗値になりますが、電線が長くなると電線の抵抗値も大きくなるため、無視できなくなります。

図 1-10-1　1m×1m×1m の立方体の抵抗値＝抵抗率

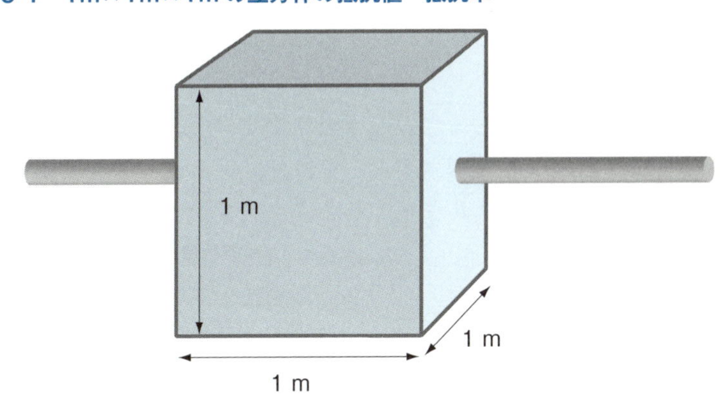

図 1-10-2　電線の構造

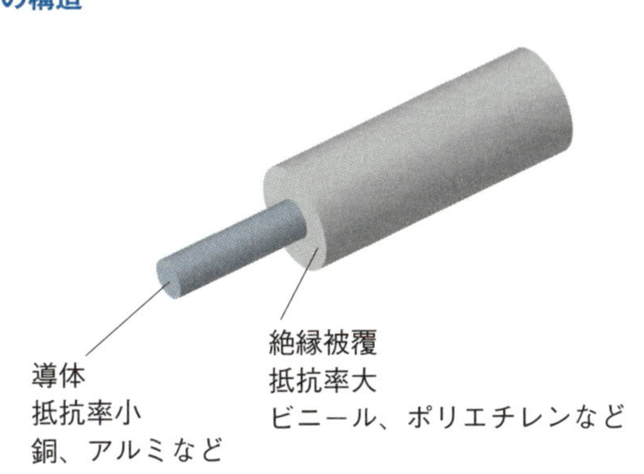

1-11 電気のエネルギー<電力>

●エネルギーとはなにか

エネルギーとは、物理的な仕事をする力のことをいい、私たちの周りにさまざまな形で存在しています。

水車は高いところから落ちる水の力で回りますので、高いところにある水は低いところにある水よりもエネルギーを持っていることになります。このようなエネルギーを**位置エネルギー**といいます。また、動いている物は運動エネルギーというエネルギーを持っています。熱や光もエネルギーの1つで、蒸気機関車は熱でつくった蒸気の力で走り、光は太陽電池で**電気エネルギー**に変換することができます。

これらのエネルギーは、変換することでエネルギーの形を変えることは可能ですが、エネルギー自体が無くなったり、何もないところからエネルギーを生み出すことはできません。これを**エネルギー保存の法則**といいます。電気エネルギーは、電球で**光エネルギー**に、電気ヒーターで**熱エネルギー**に、モーターで**運動エネルギー**に変換することができます。

●電気エネルギーの大きさ

電気エネルギーの大きさは、電力という数値で考える必要があります。照明の電球を交換するとき、ワット［W］という単位の数字を目にしますが、ワット［W］は電力の単位で、電気エネルギーが1秒間にする仕事の大きさを表しています。

例えば、電圧Vが10[V]の電池に電球1つをつないで、流れる電流Iが1[A]の場合、電球で使用している電力P［W］は、

$$P = V \times I = 10 \times 1 = 10 \text{［W］}$$

となります。つまり、電気エネルギーの大小は電圧と電流の双方の大きさが影響します。

図 1-11-1　光エネルギーと電気エネルギー

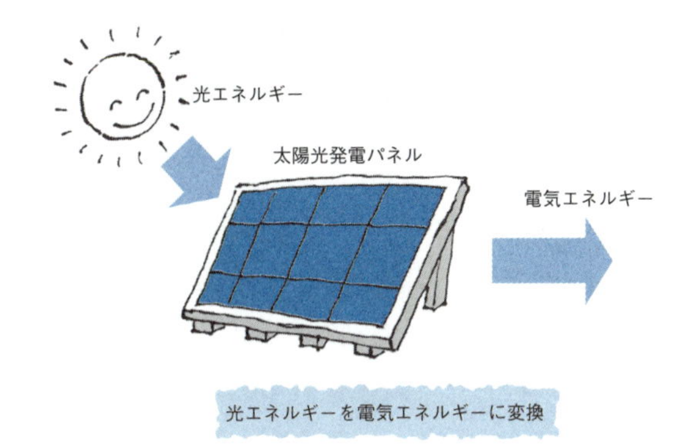

図 1-11-2　いろいろなエネルギー

図 1-11-3　電力の求め方

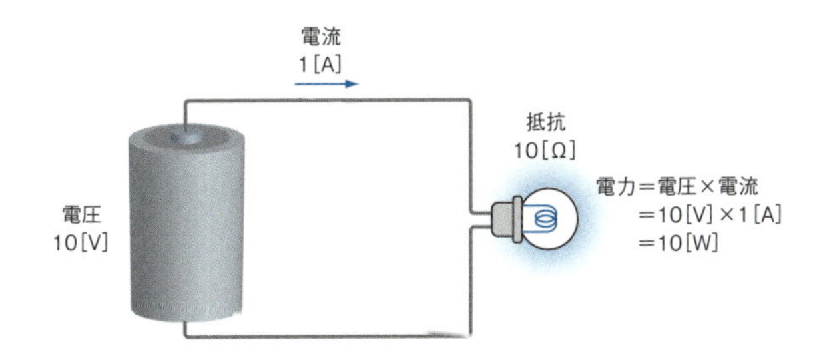

1-12 電力量

●電力と電力量の違い

電力は、電気エネルギーが1秒間にする仕事の大きさを表しますが、電気エネルギーの消費は一定ではないため、1時間、1日、1カ月など、任意の時間に消費された電気エネルギーの量を表すことも必要になります。この任意の時間に使用した電気エネルギーの量を**電力量**といいます。電力と電力量の違いを雨に置き換えて考えてみます。

降った雨の量を降水量といいます。降水量は「1時間あたり 36［mm］の雨が降った」という表現をします。1時間あたり 36［mm］の雨が1時間振り続けた場合、バケツには深さ 36［mm］の水が溜まります。1時間は 3600秒なので、1秒あたり 0.01［mm］の雨が降ったことになります。この1秒あたりに降った雨ように、その瞬間に送ったり消費されたりしている電気エネルギーの量が電力にあたります。

1日のうち3時間だけ降ったとすると、その日の降水量は 108［mm］となります。この任意の時間に降った雨の量のように、任意の時間に送ったり消費されたりしている電気エネルギーを積算した量が電力量に相当します。

私たちの住む家で使用している電力の値は時々刻々と変化していますので、電気メーターで電力量を測定して、毎月電力量に応じて電気代を支払っています。

●電力量の表し方

電力量はワットアワー［Wh］という単位を用います。電力量は電力×時間で求められ、1［W］の電力を使用しているときは、1時間で1［Wh］の電力量を使用することになります。

もっと大きな電力量を扱う場合は、電力量の単位をワットアワー［Wh］とすると数字の桁が大きくなってしまうことがありますので、単位にキロワットアワー［kWh］を使用して、1000［Wh］=1［kWh］として扱います。

図 1-12-1　電力と電力量の違い

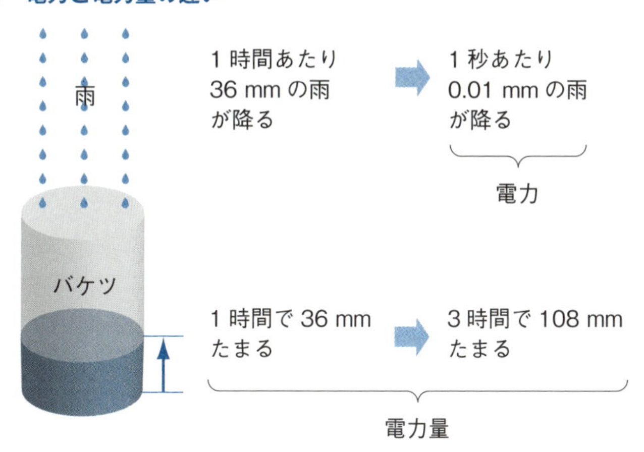

図 1-12-2　電力と電力量

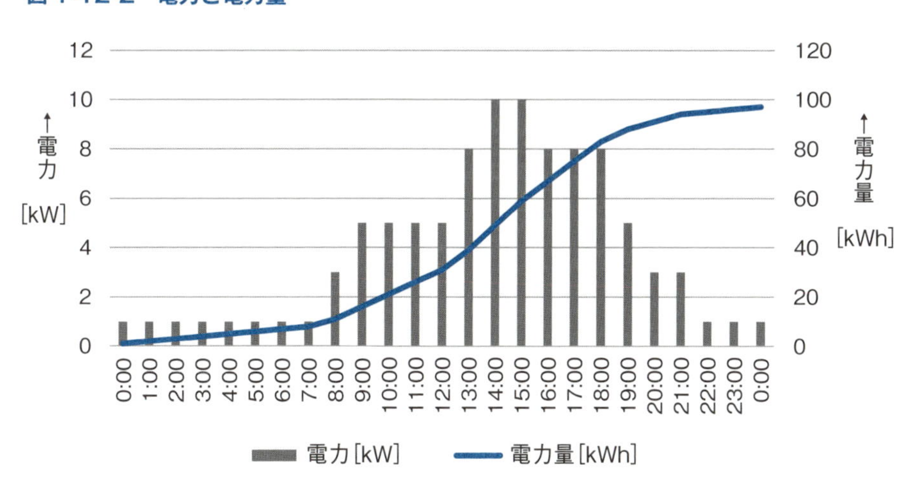

電気回路のトラブル① 短絡

電気回路の2つの点を低い抵抗値で接続することを短絡やショートといいます。短絡は、電気回路の途中に想定外の近道ができてしまう現象で、短絡が発生すると大電流が流れるため、危険なトラブルになります。

短絡の原因はいろいろなものがありますが、導電性物質の接触や絶縁不良によるものがほとんどです。導電性物質の接触は、プラグとコンセントの隙間に書類をまとめるクリップが入り込み、プラグの2本の刃を短絡してしまったというような事例があります。これはクリップという低い抵抗値の近道ができ、クリップに大電流が流れるために起こります。

絶縁不良の例としては、電気コードの損傷が多いです。電気コードの上に物を載せたことにより、電気コードの絶縁被覆が傷つき、中の導体どうしが接触すると短絡になります。

短絡が発生すると、大電流が流れ火災の危険があるため、短絡が発生した回路を即座に切り離す必要があります。コンセントで短絡が起きると、大電流が流れたことをコンセントのブレーカーが感知して、自動的にOFFになって電流を遮断することで短絡状態を解消します。また、ヒューズも大電流でヒューズの中の細い線が溶断することにより、電流を遮断する役割があります。

第2章

直流回路入門

電気には、直流と交流があります。第１章で見てきた懐中電灯の回路は直流回路ですが、私たちが普段利用している家電製品は、交流の電気で動作しています。直流は交流と比べると理論がシンプルでわかりやすいので、まずは直流回路について理解を深めていきましょう。

2-1 直流とは

●直流と交流

電気には、直流と交流があります。電池や車のバッテリーは、時間とともに電圧のかかる方向や、電流の流れる方向が変化しません。このような電気を**直流**といいます。一方、コンセントに来ている電気は、時間とともに周期的に電圧のかかる方向や、電流の流れる方向が変化しています。このような電気を**交流**といいます。

英語で直流はDirect Current、交流はAlternating Currentと表すので、これを略して直流は**DC**、交流は**AC**と表し、DC 1.5［V］やAC 100［V］と表現することがあります。

●直流と交流のグラフ

電池は直流のため、電池のプラス極とマイナス極にかかる電圧を測って、縦軸を電圧、横軸を時間のグラフに表すと、まっすぐで水平な線になります。また、電池に抵抗を接続して、抵抗に流れる電流を測ってグラフにすると、電圧と同様に直線になります。これを「水の回路」で考えると、ポンプ（電池）が一定の強さ（電圧）で一定方向に水を押し出していて、流れる水の量（電流）も一定の量になっている状態と考えられます。

一方、コンセントは交流のため、コンセントの2つの穴にかかる電圧を測ってグラフに表すと、周期的にプラスとマイナスを行き来する波のようなカーブを描きます。

グラフにすると直線にならなくても、プラスとマイナスを行き来しなければ直流として扱います。山が並んでいるような波形を**脈流**といいますが、一般的には直流に分類されます。

また、直線であっても、周期的にプラスとマイナスを行き来するものは交流として扱います。四角形が並んだように見える波形を**矩形波**といいますが、プラスとマイナスを行き来する場合は、一般的には交流に分類されます。

図 2-1-1　直流と交流のグラフ

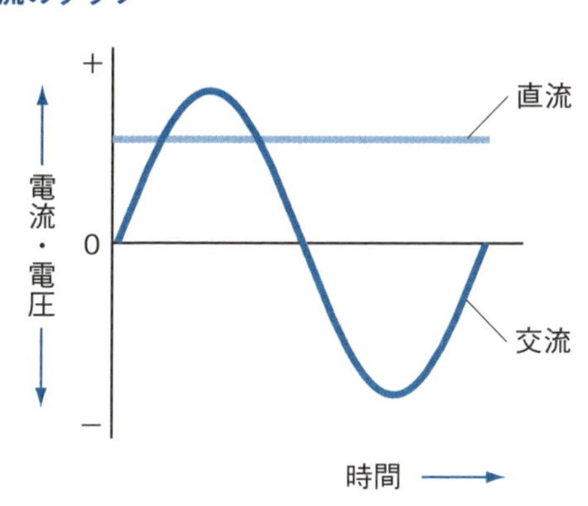

図 2-1-2　脈流と矩形波

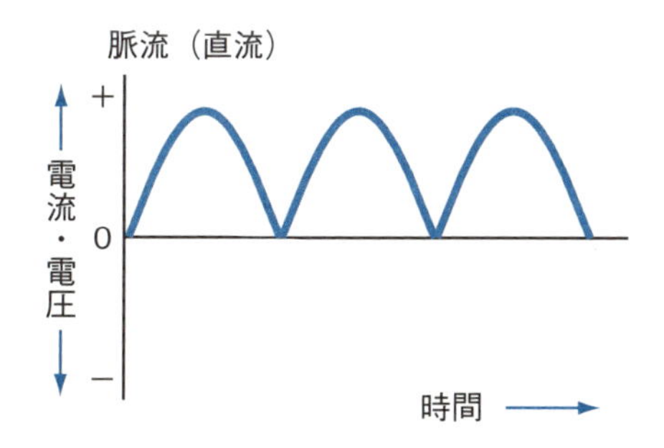

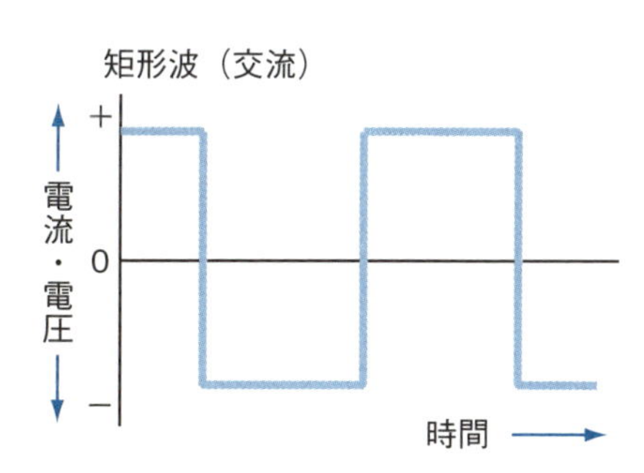

2-2 電圧、電流、抵抗の関係（オームの法則）

●オームの法則とは

懐中電灯は、電球に電池をつないで電圧をかけ、電流を流すことによって電球を光らせる電気回路です。電球は抵抗を持っているため、電流値は抵抗に制限された大きさになります。

このように、抵抗に電圧をかけると、抵抗の値と電圧の値に応じた大きさの電流が流れますが、この電圧、電流、抵抗の値は、「抵抗に流れる電流は、電圧に比例し、抵抗に反比例する」という関係があります。

「水の回路」で考えると、ポンプの強さ（電圧）を2倍にすると、流れる水の量（電流）は2倍になり、ホースを細くして抵抗（電気抵抗）を2倍にすると、流れる水の量は半分になるということになります。

この関係を式で表すと、抵抗R［Ω］に電流I［A］が流れているとき、抵抗にかかる電圧V［V］は、

$$V = I \times R$$

となります。この法則を**オームの法則**といいます。オームの法則より、電圧・電流・抵抗の3つのうち、2つがわかれば、残りの1つは計算で求められるということになります。オームの法則は直流でも交流でも成立する法則で、電気回路を考える上で重要な法則です。

●抵抗値は変化しない

電圧Vが10［V］の電池に抵抗Rが2［Ω］の電球をつなぐと、オームの法則より流れる電流I［A］は、

$$V = I \times R \quad \rightarrow \quad I = V \div R = 10 \div 2 = 5 \text{ [A]}$$

となります。次に電圧Vを2倍の20Vに変更すると、流れる電流I［A］は、

$$I = V \div R = 20 \div 2 = 10 \text{ [A]}$$

となり、抵抗は変化しませんが電流が2倍になります。

このように、オームの法則を使う時は、電圧が変化したときに合わせて変

化するのは電流であって、抵抗値が増減するのではないということに注意する必要があります。

図 2-2-1　オームの法則

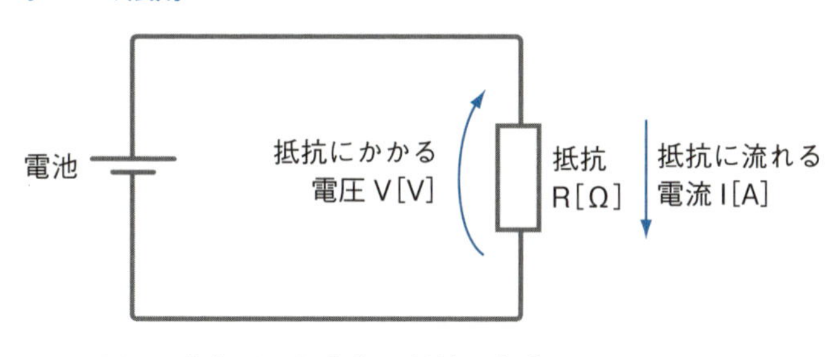

電圧 V[V]＝電流 I[A]× 抵抗 R[Ω]

図 2-2-2　電圧、電流、抵抗の値

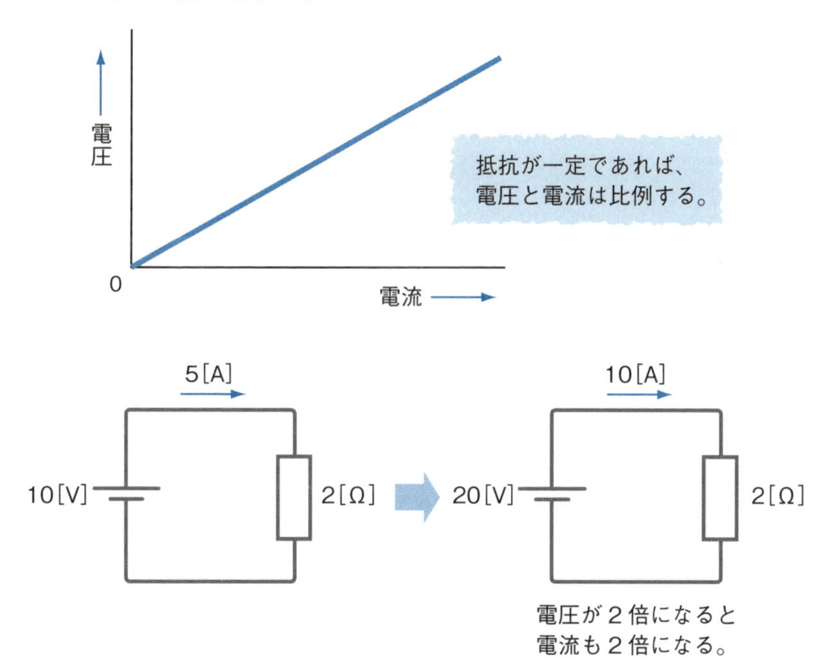

2・直流回路入門

2-3 ショートとは

● 0 Ωの抵抗に電圧をかけるとどうなるか

オームの法則は抵抗に流れる電流は抵抗に反比例するということを表していますが、抵抗をどんどん小さくしていくとどうなるのでしょうか。

例えば、抵抗Rが1［Ω］の電気回路に電圧Vが10［V］の電池をつなぐと、流れる電流I［A］はオームの法則の公式より、

$$I = \frac{V}{R} = \frac{10}{1} = 10 \ [A]$$

となります。それでは、電気回路の抵抗Rが0.2［Ω］に変化するとどうなるでしょう。

$$I = \frac{V}{R} = \frac{10}{0.2} = 50 \ [A]$$

となり、抵抗が小さくなると大電流が流れることになります。懐中電灯の回路は、電球が持つ抵抗によって電流の大きさが制限されますが、電池のプラス極とマイナス極を直接電線で接続すると、抵抗は非常に小さくなるため、大電流が流れてしまいます。このように、電気回路の2つ以上の点を低い抵抗値で接続することを**短絡**や**ショート**といいます。短絡は、電線の接続ミスや、電線の絶縁被覆が破れることによって発生することがあります。

●短絡の被害

10［A］の電流を流すつもりでつくった電気回路に50［A］の電流が流れてしまうと、電線が持つ抵抗で消費される電力も増大します。抵抗R［Ω］に電流I［A］が流れると、抵抗で消費される電力P［W］は、

$$P = I^2 \times R$$

となるため、電流が増えると、電線が持つ抵抗で消費される電力は電流の2乗に比例して増えることになります。この電力はほとんどが熱に変換されて電線の発熱が大きくなりすぎ、絶縁被覆が熱で溶けたり焦げたりするため、

電線に流すことができる電流の許容値は絶縁被覆の耐熱性を考慮して決められています。そして、万一大電流が流れたときには、ヒューズやブレーカーで電流を自動的に遮断するという安全対策を講じています。

図 2-3-1　短絡による電流の変化

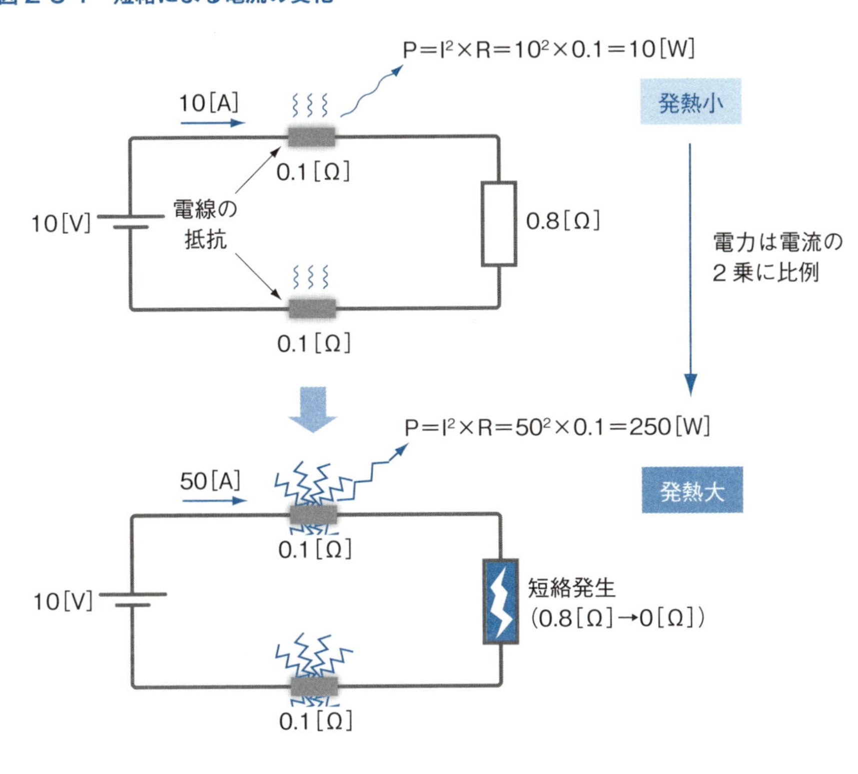

2-4 抵抗の直列接続

●直列接続とは

複数の電池や抵抗などをまっすぐに接続することを**直列接続**といいます。電気回路の抵抗は、「水の回路」に置き換えるとホースがつぶれて細くなっている部分になりますので、抵抗を直列接続すると、ホースがつぶれて細くなっている部分が増えることになります。したがって、直列接続する抵抗の数が増えると、回路全体の抵抗値は増えていき、回路に流れる電流は少なくなっていくことになります。

そして、抵抗の直列接続では、それぞれの抵抗に流れる電流値は同じになるという特徴があります。

●合成抵抗とは

複数の抵抗を接続した回路は、その回路の全体の抵抗値を持つ1つの抵抗に置き換えることができます。抵抗をたくさん使って複雑に接続しても、1つの抵抗に置き換えることが可能です。この置き換えられた1つの抵抗を**合成抵抗**といいます。

複数の抵抗を接続した回路と、1つの合成抵抗に置き換えられた回路は、回路全体の抵抗値が等しくなります。したがって、同じ電圧の電池を接続した場合、電池に流れる電流も等しくなるので電気的に等価であるとみなすことができます。このような回路を**等価回路**といいます。

●直列接続の合成抵抗

複数の抵抗を直列に接続した場合、合成抵抗はすべての抵抗の和となります。したがって、接続する抵抗の数を増やしていくと合成抵抗の値も大きくなっていきます。これを式で表すと、n 個の抵抗 R_1［Ω］、R_2［Ω］…R_n［Ω］を直列接続したとき、その合成抵抗 R_S［Ω］は、

$$R_S = R_1 + R_2 + \cdots + R_n$$

となります。

図 2-4-1　抵抗の直列接続

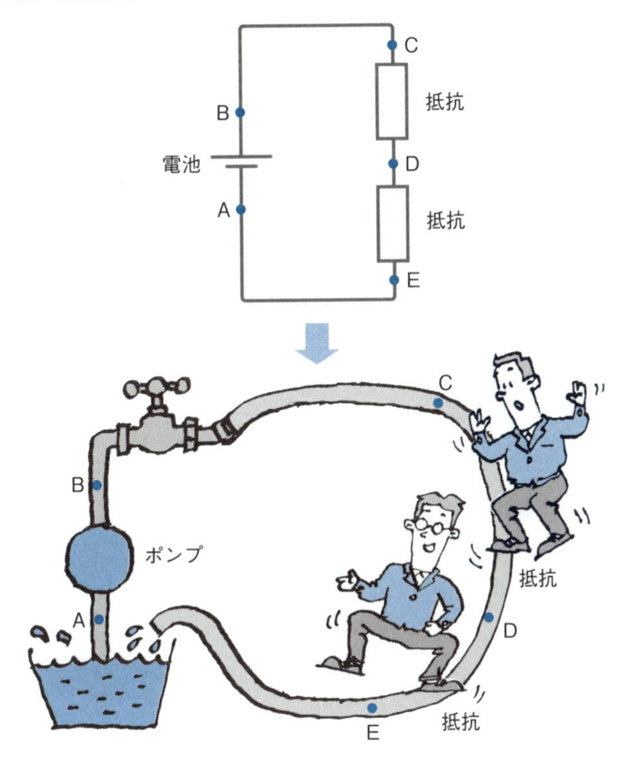

図 2-4-2　直列接続の合成抵抗

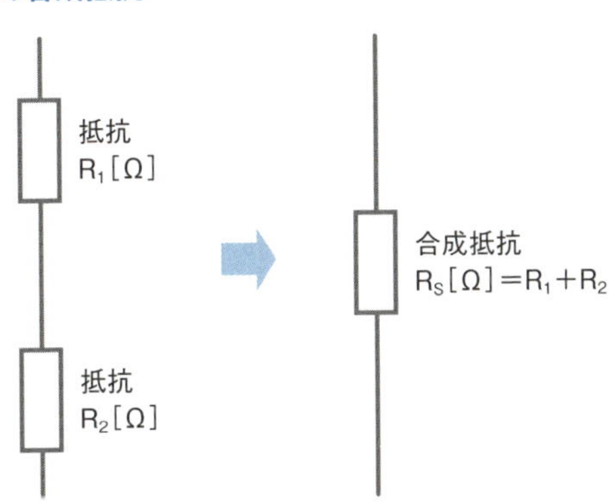

2-5 抵抗の並列接続

●並列接続とは

複数の抵抗を横に並べて接続することを、抵抗の**並列接続**といいます。

「水の回路」では、1本のホースより複数のホースの方がたくさんの水を送ることができます。これは、ホースの本数が増えると、「水の回路」全体の抵抗が小さくなり、水が流れやすくなるからです。

電気回路も同様に、抵抗が並列接続されると、電気回路全体の抵抗が小さくなり、電池から流れる電流が増加します。そして、並列接続では、それぞれの抵抗にかかる電圧は同じになります。

●並列接続の合成抵抗

n個の抵抗 R_1［Ω］、R_2［Ω］…R_n［Ω］を並列接続したとき、その合成抵抗 R_P［Ω］は、

$$R_P = \frac{1}{\frac{1}{R_1} + \frac{1}{R_2} + \cdots + \frac{1}{R_n}}$$

になります。この式を用いて、同じ抵抗値R［Ω］の抵抗を2個並列接続したときの合成抵抗 R_P を求めてみると

$$R_P = \frac{1}{\frac{1}{R} + \frac{1}{R}} = \frac{R}{2}$$

となり、合成抵抗はそれぞれの抵抗の半分になることがわかります。「水の回路」で考えると、ホースが2本に増えると、水の流れやすさが2倍になるのと同じです。

また、同じ抵抗値R［Ω］の抵抗をn個並列接続した場合、合成抵抗 R_P は

$$R_P = \frac{1}{n}R$$

となります。

次に、異なる抵抗値の抵抗を並列接続した場合を考えてみます。例えば999［Ω］と1［Ω］の抵抗を並列接続すると、合成抵抗R_Pは

$$R_P = \frac{1}{\frac{1}{999}+\frac{1}{1}} = \frac{1}{\frac{1000}{999}} = 0.999\ [\Omega]$$

となり合成抵抗R_Pは、並列接続した抵抗999［Ω］や1［Ω］よりも小さくなります。これは、どんなに高い抵抗値を持つ抵抗であっても、並列接続すれば合成抵抗は下がるということを意味しています。「水の回路」で考えると、どんなにつぶれて細くなっているホースでも、並列接続した方が水の流れが増えるのと同じです。

図 2-5-1　抵抗の並列接続

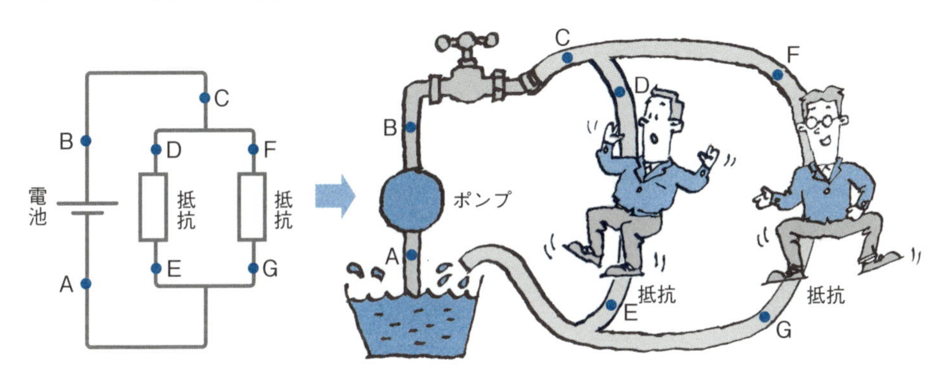

図 2-5-2　並列接続の合成抵抗

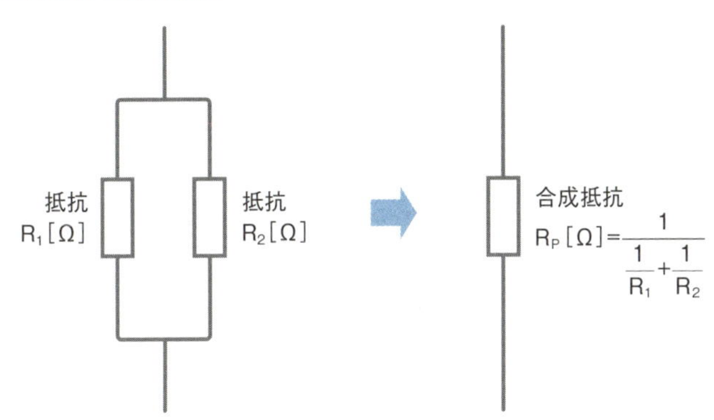

2-6 電圧の配分（分圧）

●電圧の配分

直列接続した複数の抵抗に電池をつなぐと、電池の電圧がそれぞれの抵抗に配分されてかかります。これを**分圧**といいます。

●抵抗値に応じて分圧される

例えば、1［Ω］の抵抗を2個直列接続した回路に、電圧が20［V］の電池を接続すると、同じ抵抗値の抵抗が2つ接続されるので、それぞれの抵抗には電池の電圧の半分である10［V］がかかります。

次に、2［Ω］の抵抗と3［Ω］の抵抗を直列接続した回路に、電圧が20［V］の電池を接続したときを考えてみます。この回路の合成抵抗Rは、

$$R = 2 + 3 = 5 \ [\Omega]$$

となります。オームの法則より、流れる電流Iは、

$$I = \frac{V}{R} = \frac{20}{5} = 4 \ [A]$$

となり、2［Ω］の抵抗にも3［Ω］の抵抗にも同じ4［A］の電流が流れることになります。したがって2［Ω］の抵抗にかかる電圧V_1［V］と、3［Ω］の抵抗にかかる電圧V_2［V］は、

$$V_1 = I \times R = 4 \times 2 = 8 \ [V]$$

$$V_2 = I \times R = 4 \times 3 = 12 \ [V]$$

となります。つまり、それぞれの抵抗には、抵抗値の比2[Ω]：3[Ω]に応じて、8[V]：12[V]に分圧されるということがわかります。

これを式で表すと、抵抗値がR_1［Ω］とR_2［Ω］の2つの抵抗を直列接続して、電圧V［V］をかけたとき、抵抗R_1［Ω］にかかる電圧V_1［V］は、

$$V_1 = \frac{R_1}{R_1 + R_2} V$$

となります。3個以上の抵抗を直列接続した場合も、抵抗値の比に応じて電

圧が分圧されます。

図 2-6-1　分圧

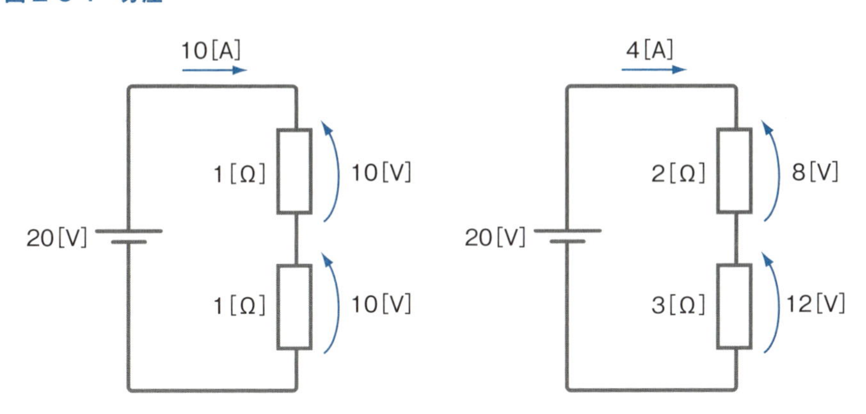

図 2-6-2　分圧のしくみ

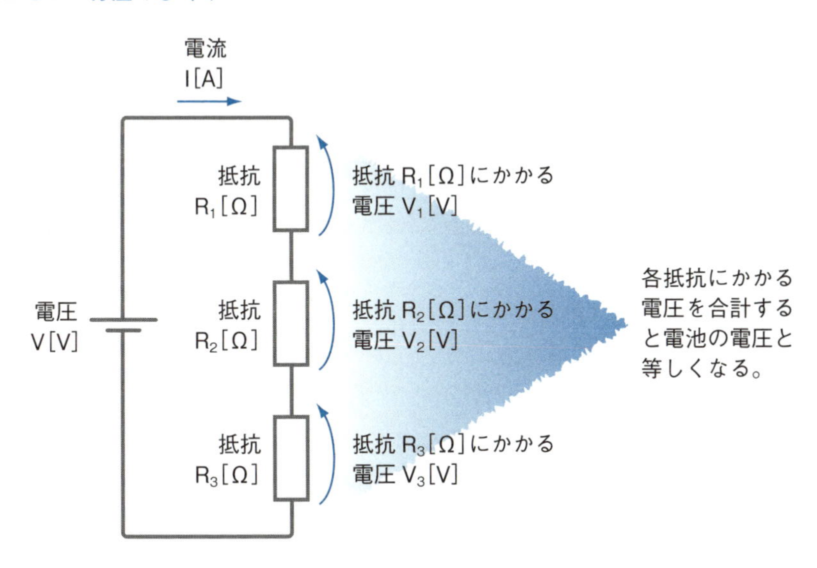

2-7 分流

●電流の分かれ方

抵抗を並列接続すると、回路の途中に分岐点や合流点ができます。分岐点で電流が分かれて流れることを**分流**といいます。分岐点や合流点ではどのように電流が流れるのかを考えてみます。

●同じ抵抗値の場合

例えば、1［Ω］の抵抗を2個並列接続した回路に電池をつなぎ、電池から6［A］の電流が流れている電気回路を「水の回路」で考えてみます。蛇口から1本のホースを伸ばし、それを2つに分岐して、同じ太さのホースを2本つなぎます。すると、2本のホースには同じ量の水が流れます。これと同じように、2つの抵抗は同じ抵抗値であるため、電流は均等に2つに分かれ、それぞれの抵抗に流れる電流は3［A］ずつになります。

●異なる抵抗値の場合

次に、2［Ω］と4［Ω］の抵抗を並列接続した回路に電池をつなぎ、電池から6［A］の電流が流れている電気回路を「水の回路」で考えてみます。

蛇口から1本のホースを伸ばし、それを2つに分岐して、太いホースと細いホースをつなぐことになります。太いホースには、細いホースよりたくさんの水が流れます。

電気回路の抵抗値は電流の流れにくさなので、「水の回路」でいえばホースの「細さ」にあたります。したがって、電気回路の抵抗値の逆数が電流の流れやすさとなり、ホースの「太さ」にあたります。2［Ω］の逆数は1/2＝0.5、4［Ω］の逆数は1/4＝0.25なので、電流はこの逆数の比に応じて

2［Ω］に流れる電流：4［Ω］に流れる電流
＝0.5：0.25＝2：1

となり、2［Ω］の抵抗には4［A］、4［Ω］の抵抗には2［A］が流れます。

これを式で表すと、抵抗値が R_1 [Ω] と R_2 [Ω] の2つの抵抗を並列接続した回路に電流 I [A] が流れているとき、抵抗 R_1 [Ω] に流れる電流 I_1 [A] は

$$I_1=\frac{R_2}{R_1+R_2}I$$

となります。3個以上の抵抗を並列接続した場合も、抵抗値の逆数の比に応じて電流が分流します。

図 2-7-1 分流

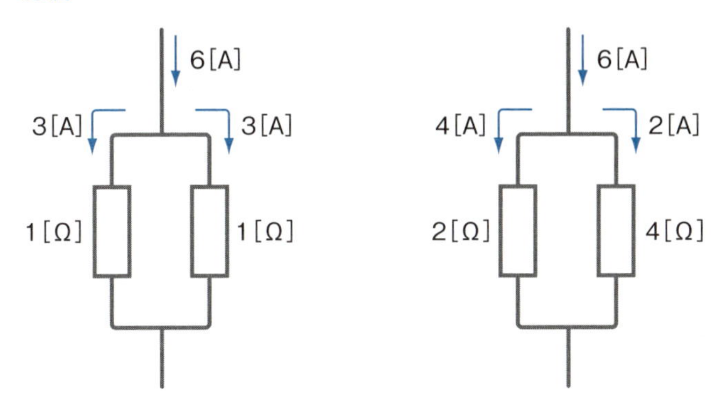

図 2-7-2 分流のしくみ

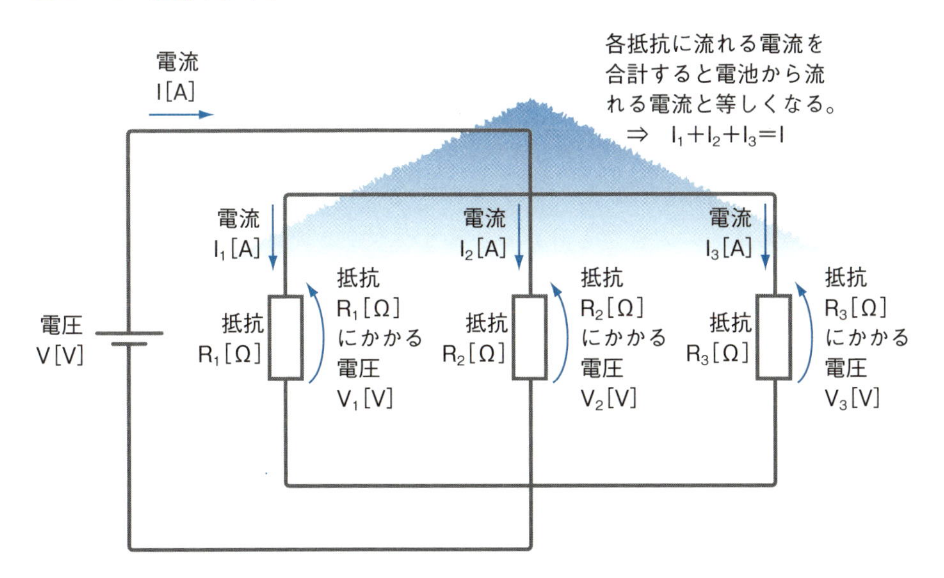

2-8 キルヒホッフの法則（電流則）

●キルヒホッフの法則とは

キルヒホッフの法則は、電気回路における電流に関する法則を表す電流則と、電圧に関する法則を表す電圧則の２つあります。まず、電流則から見てみましょう。

キルヒホッフの電流則は、**キルヒホッフの第一法則**とも呼ばれ、複数の電線を１点で接続した場合、接続点に流れ込む電流と、接続点から流れ出る電流の大きさは等しいというものです。「水の回路」で考えると、複数のホースを１カ所で接続して水を流し込むと、どこかで水が漏れていなければ、接続点に流れ込む水の量と、接続点から流れ出る水の量と等しくなるというのと同じです。

つまり、電流は合流点や分岐点があっても総量は増減しないということになり、**電流保存の法則**とも呼ばれています。

●キルヒホッフの電流則の使い方

電気回路に分岐があり、電流 I_1 が I_2 と I_3 に分岐されるとき、分岐後の電流 I_2 と I_3 の和は I_1 と同じ大きさになります。これを式で表すと、

$$I_1 = I_2 + I_3$$

となります。したがって、I_1、I_2、I_3 のうち２つの電流の大きさがわかれば、残りの１つの電流の大きさも計算できるということになります。実際に計算する場合は、電気回路の任意の点に流入する電流をプラス、流出する電流をマイナスにして、それらをすべて合計したものが0になるという式をつくります。I_1 が I_2 と I_3 に分岐されるときは、I_1 が流入、I_2 と I_3 が流出となるので、

$$I_1 - I_2 - I_3 = 0$$

となります。また、I_2 と I_3 が合流して I_1 になる場合は、I_2 と I_3 が流入、I_1 が流出となるので、

$$I_2 + I_3 - I_1 = 0$$

が成立します。

図 2-8-1　キルヒホッフの電流則

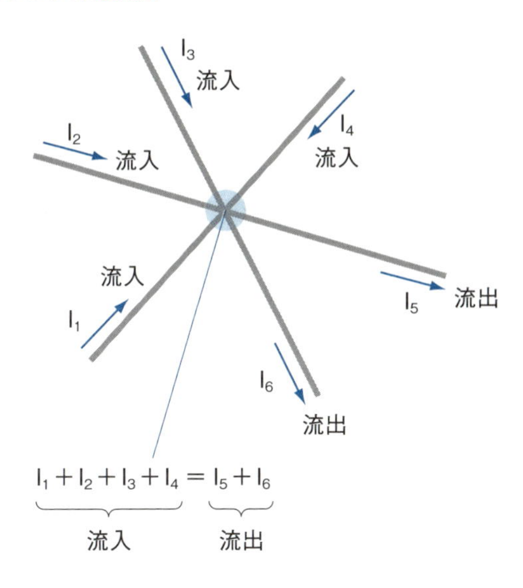

図 2-8-2　流入と流出

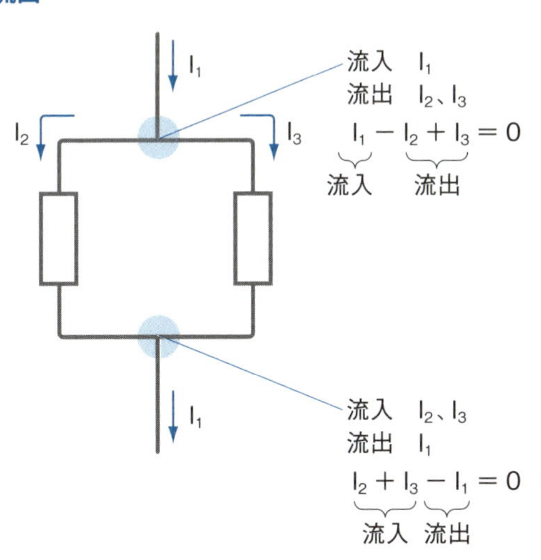

2-9 キルヒホッフの法則（電圧則）

●キルヒホッフの電圧則とは

キルヒホッフの電圧則は、電気回路の各部分にかかる電圧を１周分合計すると０になるという法則です。電気回路は、電池や抵抗の両端に電圧がかかっています。その電圧を回路１周分すべて合計すると０になります。

●キルヒホッフの電圧則の使い方

図2-9-2のように、電圧Ｖが20［Ｖ］の電池に、抵抗Ｒが２［Ω］、３［Ω］、５［Ω］の電球を直列接続したとき、各部分の電圧をスタート地点の点Ａから電流が流れる方向に向かって足してみます。

電池はマイナス極からプラス極に向かって電圧がかかっているので、点Ａから点Ｂに向かってかかる電圧 V_{AB} は＋20［Ｖ］になります。

電球の抵抗には、電流が流れることにより電圧がかかります。電池の電圧をＶ、３つの電球の抵抗を R_1、R_2、R_3 とすると、この懐中電灯の回路に流れる電流Ｉと２［Ω］の電球にかかる電圧 V_1 は、オームの法則より

$$I=\frac{V}{R}=\frac{V}{R_1+R_2+R_3}=\frac{20}{2+3+5}=2\ [A]$$

$$V_1=I\times R_1=2\times 2=4\ [V]$$

となります。同様に、３［Ω］の電球には６［Ｖ］、５［Ω］の電球には10［Ｖ］がかかります。この各抵抗にかかる電圧 V_1、V_2、V_3 は、電流が流れる方向に向かって降下する方向にかかりますので、電流が流れる方向である点Ｃから点Ｄに向かって $V_1=-4$［Ｖ］、$V_2=-6$［Ｖ］、$V_3=-10$［Ｖ］となります。

電池と電球以外の部分は電源や抵抗がなく、電圧が上昇したり下降したりする部分がないため±０［Ｖ］となり、計算では考慮する必要はありません。

したがって、Ｖ、V_1、V_2、V_3 を合計すると

$$V+V_1+V_2+V_3=+20-4-6-10=0\ [V]$$

となり、キルヒホッフの電圧則の示すとおり電圧の合計が０［Ｖ］になります。

図 2-9-1　キルヒホッフの電圧則

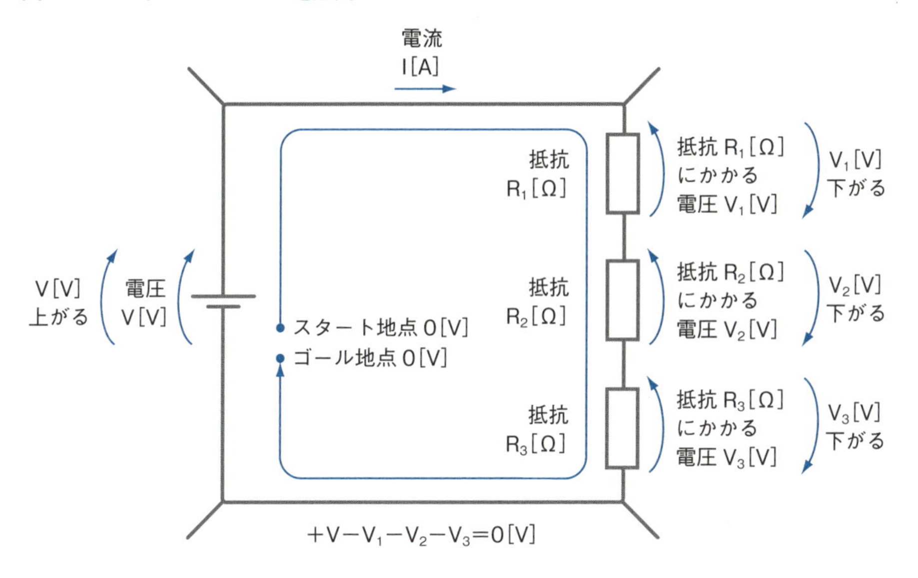

図 2-9-2　キルヒホッフの電圧則の使い方

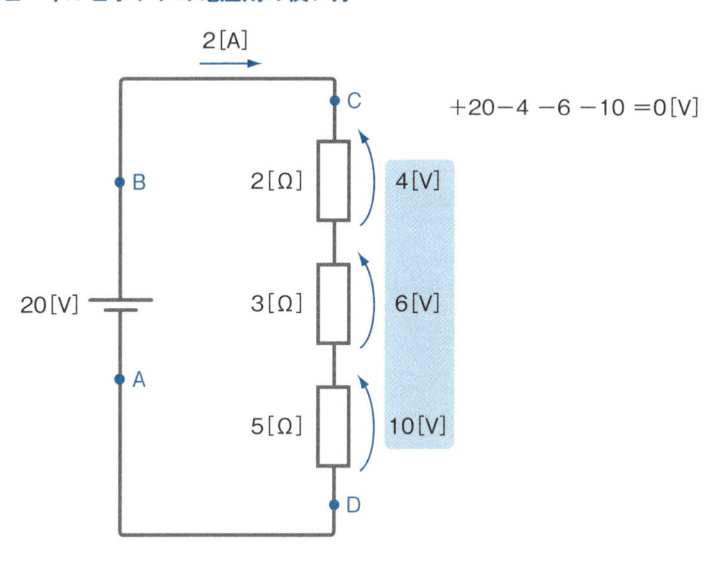

2-10 電池の直列接続

●電池の直列接続

電池も直列接続と並列接続があります。複数の電池をまっすぐ1列に接続することを電池の**直列接続**といいます。1つ目の電池のマイナスに2つ目の電池のプラスを接続し、2つ目の電池のマイナスに3つ目の電池のプラスを接続してというように、プラス・マイナスの方向を揃えて直列接続します。

●電池の直列接続の特徴

直列接続の全体の電圧は、各電池の電圧の総和となります。したがって、直列接続する電池の数を増やしていくと、全体の電圧が高くなっていきます。同じ電圧の電池を2つ、3つと直列接続していくと、電圧は2倍3倍と高くなります。例えば、抵抗Rが3［Ω］の電球に電圧Vが6［V］の電池を1つ接続すると、流れる電流Iは、

$$I = \frac{V}{R} = \frac{6}{3} = 2\ [\mathrm{A}]$$

となります。同じ電池をもう1つ直列接続すると、電圧は2倍になるので、

$$I = \frac{V}{R} = \frac{12}{3} = 4\ [\mathrm{A}]$$

となり、電流も2倍になります。電球に電流Iが流れているとき、電球の抵抗Rで消費される電力Pは、

$$P = I^2 \times R$$

となるため、電流が2倍になると、電力は4倍になります。

電池は流れる電流が許容値より大きくなると、電池が過熱したり、電池内部の抵抗によって電圧が低下してしまうなど悪影響があります。直流の電力P、電圧V、電流Iの間には

$$P = V \times I$$

の関係がありますので、同じ電力を送る場合、電圧を高くすることで電流を

小さくすることができます。そのため、複数の電池を直列接続し、電圧を上げていることがあります。

図 2-10-1　電池の直列接続

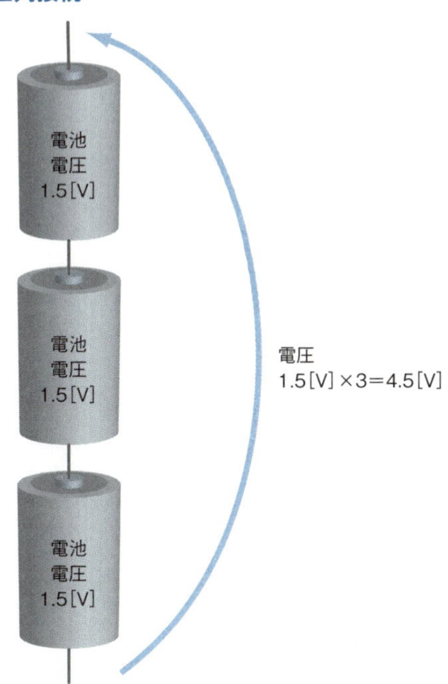

図 2-10-2　電圧と電流の関係

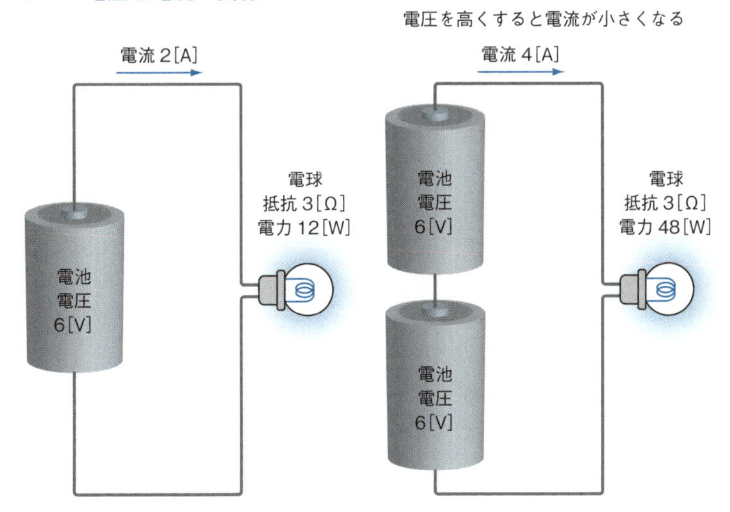

2-11 電池の並列接続

●電池の並列接続

複数の電池を並べて複数列に接続することを、電池の**並列接続**といいます。並列接続では、各電池のプラスどうし、マイナスどうしが接続されます。

●電池の並列接続の特徴

電池の並列接続では、各電池が電流を分担するので、電池の寿命が長くなります。例えば、抵抗Rが3［Ω］の電球に電圧Vが6［V］の電池を1つ接続すると、電池に流れる電流I_1は、

$$I_1 = \frac{V}{R} = \frac{6}{3} = 2\ [\mathrm{A}]$$

となります。同じ電池をもう1つ並列接続すると、電池に流れる電流I_2は、

$$I_2 = \frac{I_1}{2} = \frac{2}{2} = 1\ [\mathrm{A}]$$

となり、電流が半分になるので、電池の寿命が長くなります。しかし、並列接続された電池が回路を構成しているため、各電池の電圧にばらつきがあると、スイッチをOFFにしていても電圧が高い電池から電圧が低い電池に電流が流れるため注意が必要です。

また、電圧Vの電池を抵抗Rにつないだ場合、オームの法則より流れる電流Iは、

$$I = \frac{V}{R}$$

となりますが、実際に流れる電流Iはもう少し小さくなります。これは、電池には内部抵抗があって、内部抵抗R_0の電池の場合、流れる電流Iは、

$$I = \frac{V}{R + R_0}$$

となるためです。電池を並列接続すると、内部抵抗も並列接続されることに

なるため、内部抵抗の影響を小さくすることができます。

図 2-11-1　電池の並列接続

図 2-11-2　電圧と電流の関係

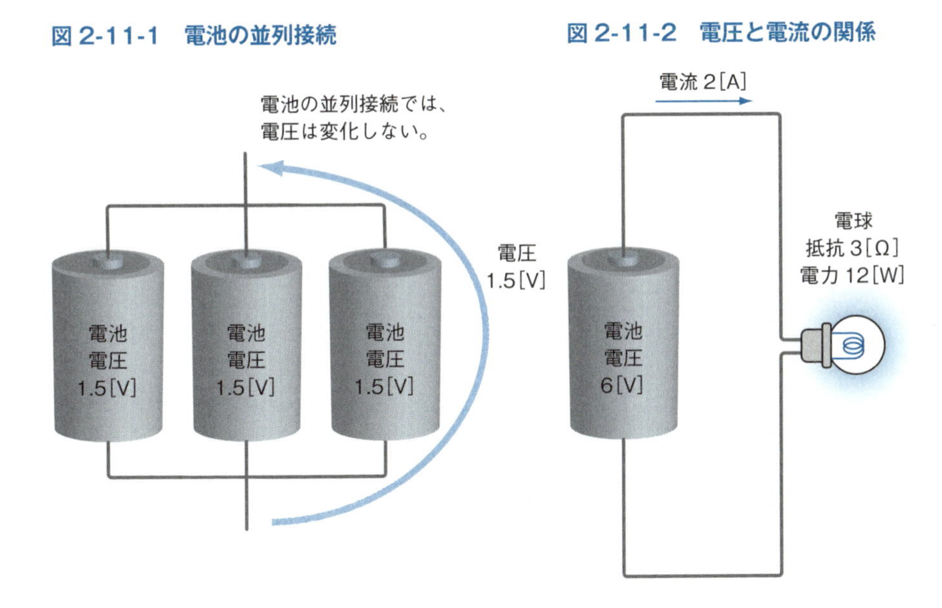

図 2-11-3　電池の並列接続

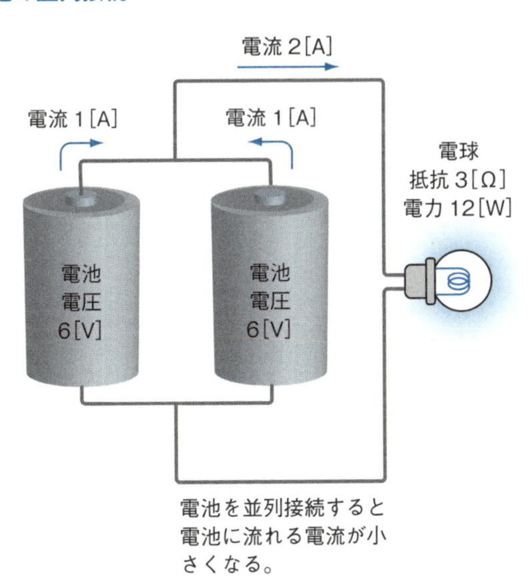

2-12 電球の直列接続と並列接続の違い（1）

●抵抗と電力の関係

抵抗が小さい電球と大きい電球はどちらが明るいでしょうか。電球の明るさは電球で消費される電力に比例するため、電力を求めてみます。

抵抗 R_1 が 2［Ω］の電球を電圧 V が 12［V］の電池に接続すると、電流 I_1 と電力 P_1 は、

$$I_1 = \frac{V}{R_1} = \frac{12}{2} = 6 \text{［A］}$$

$$P_1 = I_1^2 \times R_1 = 6^2 \times 2 = 72 \text{［W］}$$

となります。次に抵抗 R_2 が 4［Ω］の電球を同じく電圧 V が 12［V］の電池に接続すると、電流 I_2 と電力 P_2 は、

$$I_2 = \frac{V}{R_2} = \frac{12}{4} = 3 \text{［A］}$$

$$P_2 = I_2^2 \times R_2 = 3^2 \times 4 = 36 \text{［W］}$$

となります。

2［Ω］の電球は電流が 6［A］、電力が 72［W］、4［Ω］の電球は電流が 3［A］、電力が 36［W］となりました。したがって、電圧が一定のまま抵抗を 2 倍にすると、電流と電力が半分になり、明るさは半分になることがわかります。そのため、電球を明るくしたい場合は抵抗を低くすればよいことになります。

●電球を並列接続した場合

今度は 2［Ω］の電球と 4［Ω］の電球を並列接続して、それを 12［V］の電池に接続してみます。

並列接続の場合、それぞれの電球には同じ電圧がかかりますので 2［Ω］の電球にも、4［Ω］の電球にも 12［V］がかかります。電球に流れる電流は電球にかかる電圧で決まるため、電球をそれぞれ別々に電池に接続した場合と、電球を並列接続して電池に接続した場合では、電球に流れる電流は変

化しないことになります。したがって、電球で消費される電力や明るさも変化しません。

図 2-12-1　電球の並列接続

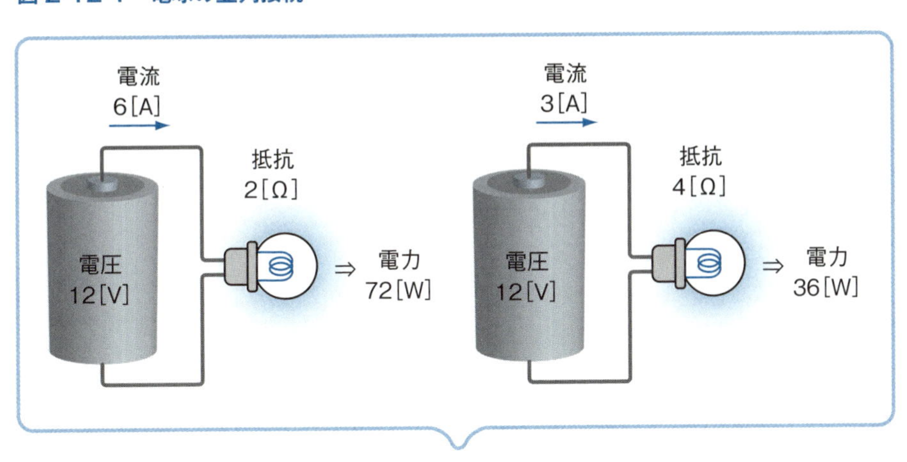

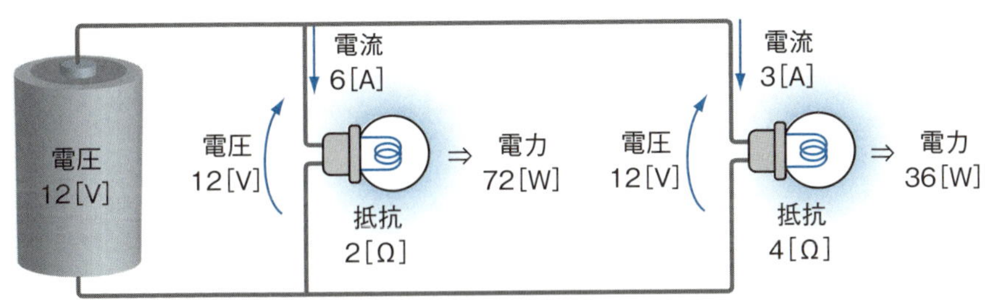

電球にかかる電圧が変化しない
↓
電球に流れる電流も変化しない
↓
電球が消費する電力も変化しない
↓
電球の明るさも変化しない

2-13 電球の直列接続と並列接続の違い（2）

●電球を直列接続すると

電球を直列接続した場合の明るさを考えてみます。

抵抗 R_1 が 2［Ω］の電球と抵抗 R_2 が 4［Ω］の電球を、電圧 V が 12［V］の電池に直列接続すると、電流 I は、

$$I=\frac{V}{R}=\frac{V}{R_1+R_2}=\frac{12}{2+4}=2\ [A]$$

となります。この電流 I が 2［Ω］の電球と 4［Ω］の電球に流れるため、抵抗 R_1 で消費される電力 P_1、抵抗 R_2 で消費される電力 P_2 は、

$$P_1 = I^2\times R_1 = 2^2\times 2 = 8\ [W]$$

$$P_2 = I^2\times R_2 = 2^2\times 4 = 16\ [W]$$

となり、直列接続した場合、4［Ω］の電球の方が 2［Ω］の電球よりも明るくなります。

並列接続すると 2［Ω］の方が明るかったのに、直列接続では 4［Ω］の方が明るくなるのはなぜでしょうか。それは、並列接続ではそれぞれの電球にかかる電圧は同じ大きさですが、直列接続ではそれぞれの電球に流れる電流が同じ大きさになり、それぞれの電球にかかる電圧は抵抗の比で分圧され、抵抗が大きい電球のほうが電力が大きくなるためです。

このように、直列接続と並列接続では電球にかかる電圧が異なるという大きな違いがあります。

●照明やコンセントは並列接続

照明やコンセントは、すべて並列接続になっています。直列接続にしてしまうと、他の照明やコンセントの負荷によって電圧が変化してしまうという問題があります。また、直列接続はどこか 1 カ所でも切れると電流が止まるため、照明のスイッチを切ったり、コンセントを抜いたりすると、すべての負荷が使えなくなってしまいます。

図 2-13-1　電球の直列接続

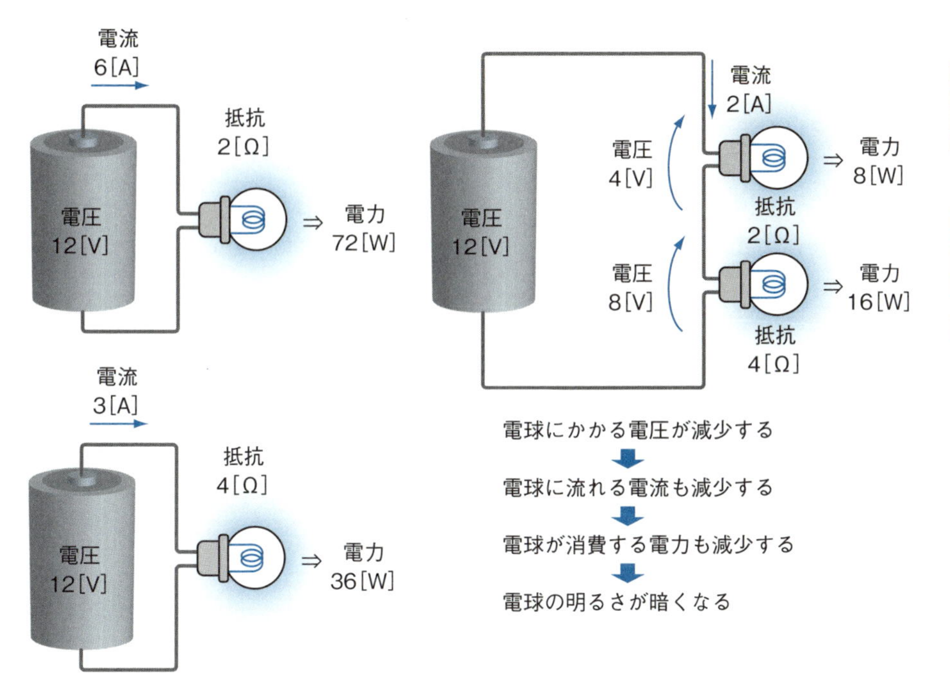

図 2-13-2　照明やコンセントは並列接続

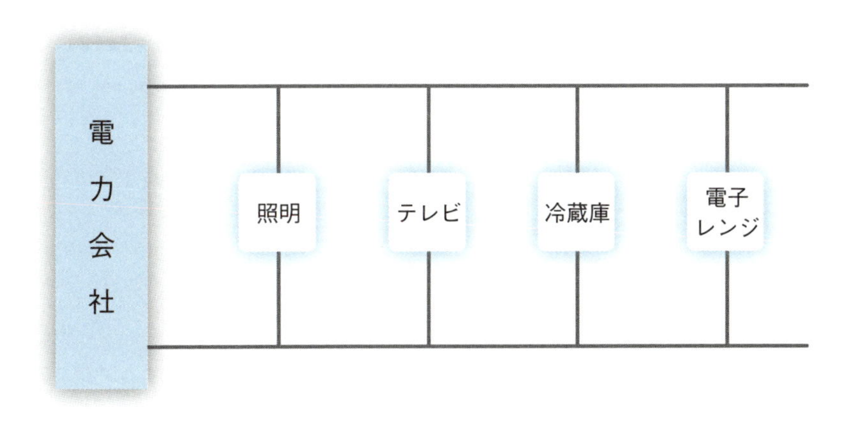

電気回路のトラブル② 漏電

通常、電気回路は外部から絶縁され、電気回路から電流が流れ出ないようになっていますが、絶縁が保てない状態になると電流が漏れて漏電が発生します。

漏電の原因で多いのは水です。本来、純粋な H_2O は電気が流れませんが、不純物が含まれていると電気が流れます。水道水はカルシウム、ナトリウム、マグネシウムなどの H_2O 以外の物質が含まれているため、電気回路にかかると電気が流れ漏電が発生します。

電流は回路がなければ流れることができないため、漏れた電流も電気回路の外にあるルートを通って電気回路に戻ることになります。例えば、家にある洗濯機の中で水が漏れて、モーターに水がかかって漏電したとします。洗濯機の金属部は地中に埋められた金属の板や棒と電線で接続しています。これをアースといい、漏れた電流はこのアースを通って地中に流れます。

家に送られている電気は変圧器で 6600［V］から 100［V］に変圧されていますが、変圧器の 100［V］側の1線もアースで地中につながっていますので、ここに漏れた電流が流れ電気回路に戻ります。

変圧器にアースをつけなければ漏電は発生しないのですが、万一変圧器が故障して 6600［V］がそのまま 100［V］側の回路に送られたときに危険な状態にならないよう変圧器にはアースが接続されています。

第3章

静電気と磁気

電気回路には、コンデンサやコイルが使用されることが多いです。これらは、静電気や磁気と密接な関係があり、静電気や磁気が引き起こす作用を利用して、電気回路で重要な役割を担っています。この章では、静電気や磁気の性質を理解して、コンデンサやコイルが電気回路にどのような影響を与えるかを見てみましょう。

3-1 動く電気と動かない電気

●静電気の特徴

電子が規則正しく動くと電流になるため、電気とは動きがあるものと考えられますが、動きがない電気もあります。

動きがある電気を**動電気**といい、動きがない電気を**静電気**といいます。動電気は電流のように電荷が流れている状態の電気です。静電気は電荷が動かずに止まっている状態の電気ですが、電気的な作用を引き起こします。

下敷きを髪の毛にこすり付けると、静電気で下敷きに髪の毛が吸い寄せられます。これは、摩擦によって髪の毛が持つ電子が下敷きに飛び移り、下敷きは電子が多くなってマイナスに、髪の毛は電子が少なくなってプラスに帯電して、双方が互いに引き寄せる力が働くことによって起こります。

こすり合わせたとき、プラスマイナスのどちらに帯電するかは物質により異なります。例えば、木綿はガラスをこすり合わせるとマイナスに帯電しますが、下敷き（塩化ビニール）をこすり合わせるとプラスに帯電します。この関係を表したものが**帯電列**です。

●静電気と動電気

冬になると、ドアノブに触れたときに、静電気の放電による刺激を感じることがあります。これは皮膚と衣服などの摩擦によって、体に溜まった電気がドアノブとの間で放電する現象です。体に溜まっているときは静電気の状態ですが、ドアノブに飛び移るときは動電気の状態です。空気中の湿度が高いときは、静電気が他の部分へ逃げやすくなり、体に電気が溜まりにくいため、この現象は乾燥しているときに起こりやすくなります。

動電気と静電気は異なるものに見えますが、電子が動いているか、いないかの違いだけで、同じ電気です。通常、静電気は動電気に比べてエネルギーが小さく、溜まっていた電子が拡散してしまうと電気的な影響はなくなります。

図 3-1-1　下敷きの静電気

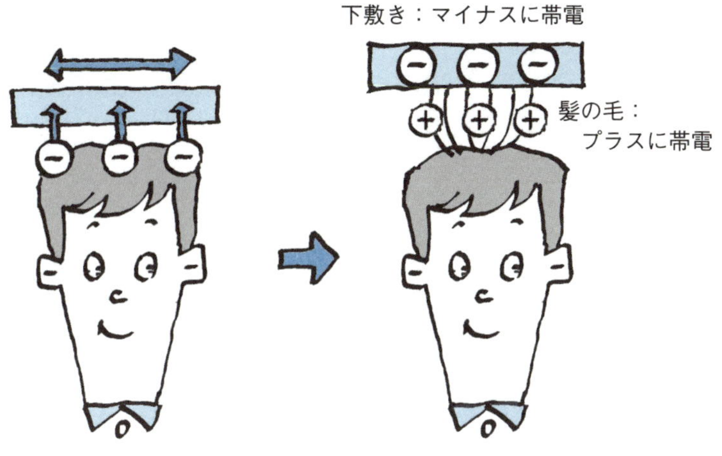

図 3-1-2　帯電列

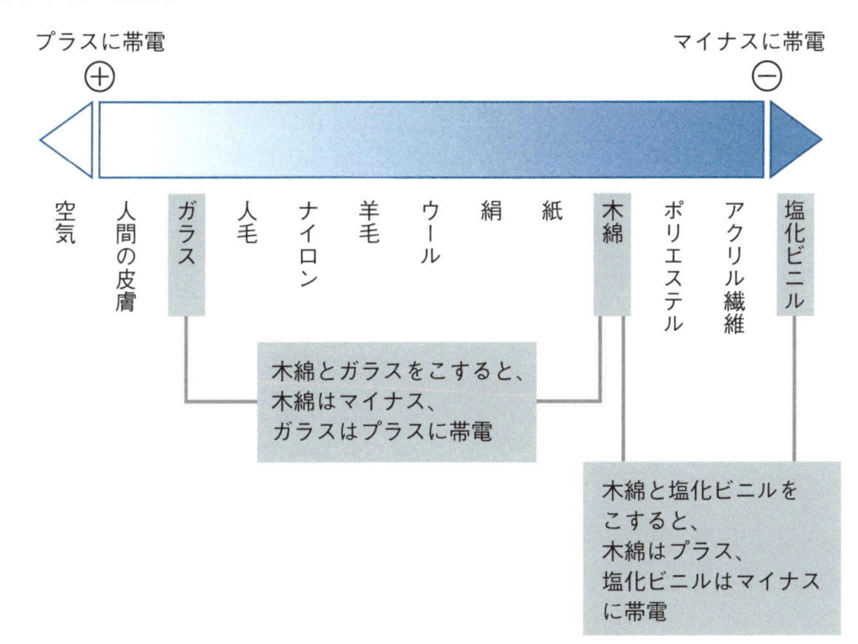

3-2 電界

●電界とは

正電荷や負電荷は、周囲に電気的な影響を及ぼす見えない力を発します。この見えない力が働いている空間を**電界**や**電場**といいます。電界に電荷を置くと、電荷は電界から力を受けます。したがって、電荷が複数あると、互いに電界をつくり、その電界から力を受けて、電荷どうしが押し合ったり、引き合ったりします。

●電気力線で電界を可視化する

電界に働く見えない力がどのように働いているかを考えるときは、**電気力線**という線で可視化します。電気力線は実在するものではありませんが、電界の見えない力を考えるときには非常に便利です。

電気力線は、電荷の表面から垂直に放射され、電気力線どうしが交差することはありません。正電荷は電気力線を吹き出し、負電荷は電気力線を吸い込むと考え、その方向に矢印を付けます。この電気力線の方向は、そこに正電荷を置いたときにその正電荷に働く方向を表しています。負電荷を置いた場合は矢印と反対方向に力が働くことになります。そして、電気力線の密度が高いほど、その部分の電界は強くなり、そこに電荷をおいたときに電荷に働く力も強くなります。

電気力線の本数は、電荷量と電荷の周りの物質の**誘電率**で決まります。誘電率とは、電荷を置いたときどの程度影響を及ぼすかを表す、物質により異なる値で、単位はファラド毎メートル［F/m］を用います。誘電率 ε［F/m］の中に Q［C］の電荷を置いたとき、放射される電気力線の本数 N［本］は、

$$N = \frac{Q}{\varepsilon}$$

となります。したがって、電荷の周りの物質の誘電率が低いほど、また電荷が多いほど、電気力線の本数は増えることになります。

図 3-2-1　電荷と電気力線

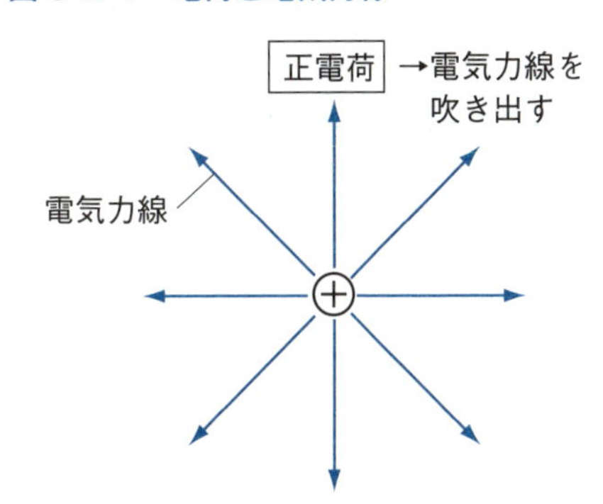

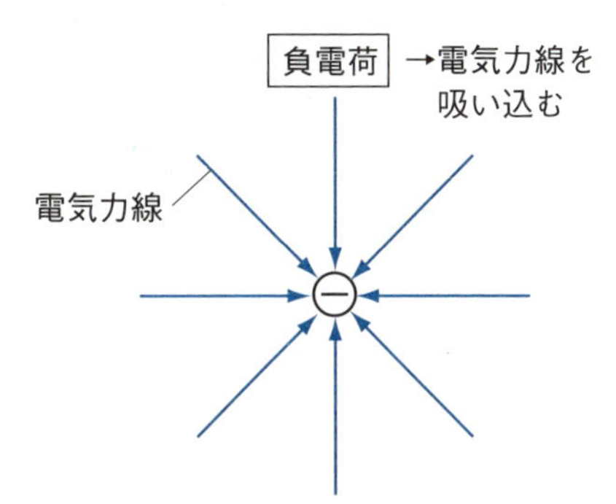

図 3-2-2　電気力線と電荷の表面は垂直になる

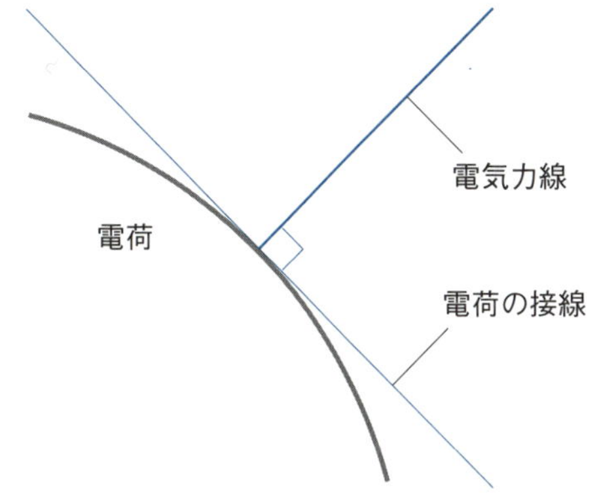

図 3-2-3　比誘電率の例

水	80
ガラス	5～10
塩化ビニル	5～7
ポリエステル	2～8
ポリエチレン	2
紙	2
空気	1
真空	1

誘電率 ε＝真空の誘電率 ε_0×比誘電率 ε_S

$\varepsilon_0 = 8.854 \times 10^{-2}$ [F/m]

図 3-2-4　2つの電荷の電気力線

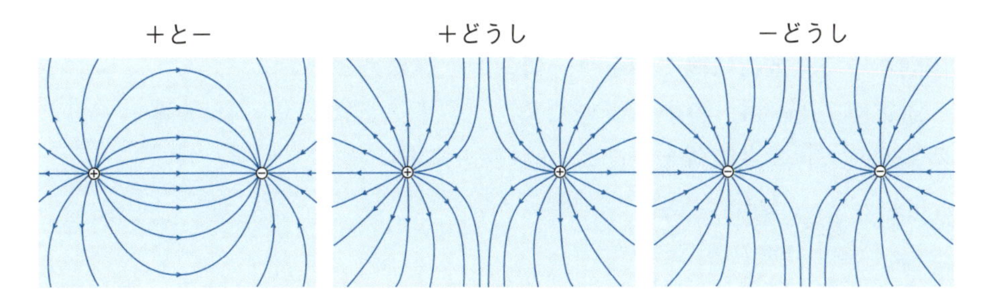

3-3 クーロンの静電界の法則

●電界の強さとは

電界に1［C］の電荷を置いたとき、その電荷に働く力の大きさを**電界の強さ**といい、単位はボルト毎メートル［V/m］を用います。電界は電気力線の密度が高いほど強くなるため、電気力線の密度が電界の強さを表します。

電荷を持つ、非常に小さな物体を**点電荷**といいます。点電荷は大きさがないくらい小さい点と考えます。電気力線は点電荷から周囲に向かって立体的に均一に放射されるため、点電荷からr［m］離れたところの電気力線の密度は、点電荷から放射される電気力線の総数を、点電荷を中心とする半径r［m］の球の表面積で割ると求められます。

誘電率ε［F/m］の中に置いたQ［C］の点電荷からはQ/ε［本］の電気力線が放射され、半径r［m］の球の表面積は$4\pi r^2$のためQ［C］の点電荷からr［m］離れたところの電気力線の密度、つまり電界の強さE［V/m］は、

$$E = \frac{Q}{4\pi \varepsilon r^2}$$

となります。

●電荷に働く力

電荷が複数あると、電荷どうしが押し合ったり、引き合ったりする力が働きます。例えば、電荷が2つあるとそれぞれの電荷に働く力は、電荷量に比例し、電荷間の距離の2乗に反比例します。この法則を**クーロンの静電界の法則**といい、電荷に働く力を**クーロン力**や**静電力**といいます。

誘電率ε［F/m］の中に置いたQ_1［C］の点電荷からr［m］離れたところにQ_2［C］の点電荷を置くと、Q_2［C］に働く力F［N］は、

$$F = \frac{Q_1 Q_2}{4\pi \varepsilon r^2}$$

となります。Q_1とQ_2が同じ符号であればFは+の反発力となり、異なる符

号であればFは－の吸引力になります。

図 3-3-1　電界の強さ

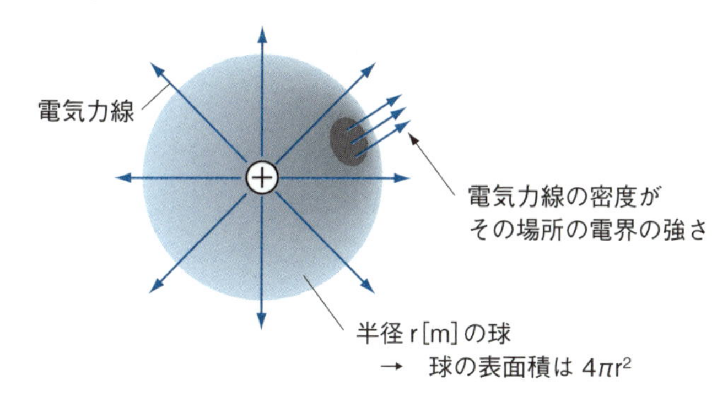

図 3-3-2　電荷に働く力

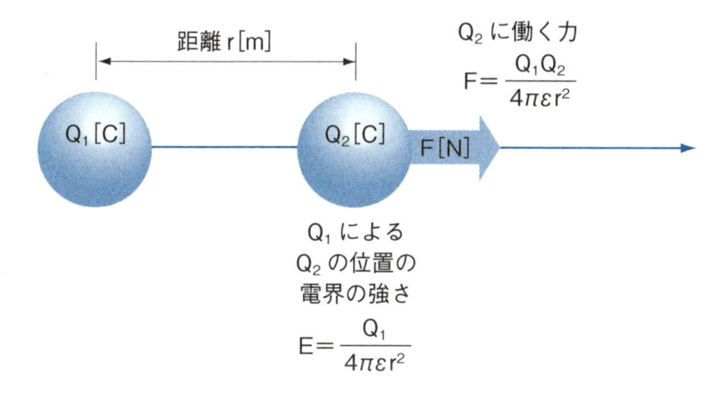

図 3-3-3　反発力と吸引力

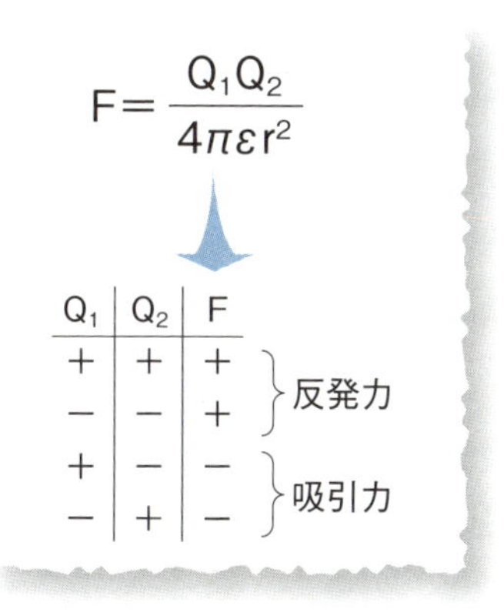

$$F=\frac{Q_1Q_2}{4\pi\varepsilon r^2}$$

Q_1	Q_2	F	
＋	＋	＋	反発力
－	－	＋	
＋	－	－	吸引力
－	＋	－	

3-4 静電誘導

●静電誘導とは

下敷きを髪の毛にこすり付けると、下敷きがマイナス、髪の毛がプラスに帯電して、双方が互いに引き寄せます。その下敷きを他の人の頭に近づけてみると、その人の髪の毛はプラスに帯電していないはずなのに、なぜか下敷きに引き寄せられます。

帯電した下敷きの負電荷は、髪の毛の正電荷を引き寄せ、負電荷を遠ざけようとします。しかし、髪の毛は電気を通しにくいため、電荷が自由に動くことはできず、正電荷と負電荷がわずかにズレる程度になります。このように、帯電した物体を別の物体に近づけたとき、正電荷と負電荷が引き付け合い、正電荷どうし及び負電荷どうしが遠ざけ合う現象を**静電誘導**といいます。

この静電誘導による電荷のズレにより、髪の毛の負電荷より正電荷の方がわずかに下敷きに近づくため、遠ざける力より引き寄せる力が大きくなり、他の人の髪の毛であっても下敷きに吸い寄せられることになります。

●静電誘導が雷を落とす

落雷は、雷雲の電子が地球に向かって移動する現象です。雷雲と地球の間には電気が流れにくい空気があるのに雷が落ちるのはなぜでしょうか。

雷雲は水滴や氷の集まりで、水滴や氷がぶつかり合うことで静電気が発生します。比較的小さな氷はプラスに帯電し、軽いため雷雲の上の方に移動します。反対に比較的大きな氷はマイナスに帯電し、重いため雷雲の下の方に移動します。したがって、雷雲の下の方は負電荷が多くなります。

雷雲の負電荷は静電誘導により地面の正電荷を引き寄せます。地面付近の空気から地面の正電荷に電子が飛び移り、電子を失った空気分子はプラスイオンになるので、他の空気分子から電子が飛び移ってくるという現象が連鎖的に発生します。そのため、地面と雷雲の間には＋イオンが並んだ状態になり、そこに雷雲から地面へ電子が一気に移動することで落雷になります。

図 3-4-1　静電誘導のしくみ

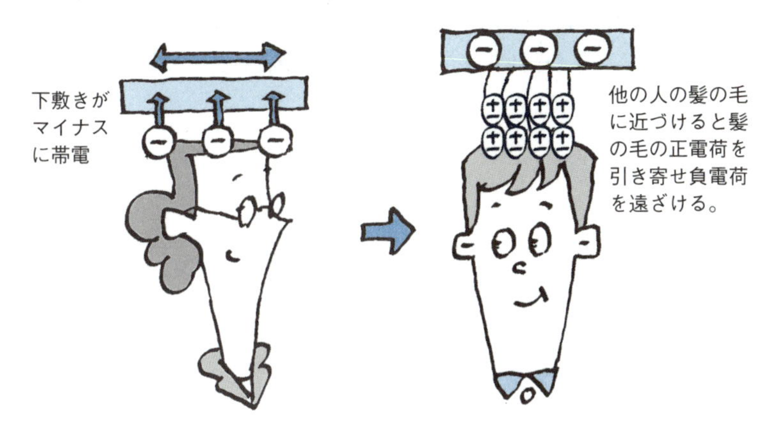

図 3-4-2　落雷の流れ

3-5 コンデンサのしくみ

●コンデンサとは

コンデンサは、電気を充電したり放電したりすることができる素子です。2つの電極という金属の板で誘電体を挟んだ構造をしていて、電圧をかけると電極に電荷を溜めることができます。

●コンデンサの充電と放電

コンデンサの2本の電線に電池とスイッチを接続し、スイッチを入れると、コンデンサのプラス電極から電池を経由してマイナス電極へ電子が移動するため、電流が流れます。「水の回路」で考えると、コンデンサの2つの電極は2つの水風船、電池は水風船の水を移動させるポンプに相当し、プラス側の水風船からマイナス側の水風船にポンプで水を移動させている状態です。

コンデンサのプラス電極は電子を失うためプラスに帯電し、マイナス電極は電子の数が増えてマイナスに帯電するため、コンデンサのプラス電極は誘電体の電子を引き付け、マイナス電極は電子を遠ざけようとし、誘電体に静電誘導が生じます。しかし、固体の絶縁体である誘電体では電子が自由に動くことはできないため、マイナス電極の方に正電荷が、プラス電極の方に負電荷がズレる程度になります。すると、プラス電極に近い誘電体はマイナスに、反対側の誘電体はプラスに帯電します。これを**分極**といいます。

コンデンサを電池に接続してしばらくすると、プラス側の電極の電子がマイナス側の電極に移動し、電流がゼロになります。この状態が完全に充電された状態で、スイッチを切っても充電された状態を維持します。

充電されたコンデンサの電極間に電球を接続すると、コンデンサのマイナス電極に溜まった電子が電球を通じてプラス電極に移動するため電流が流れ、電球が点灯します。

図 3-5-1　コンデンサのイメージ

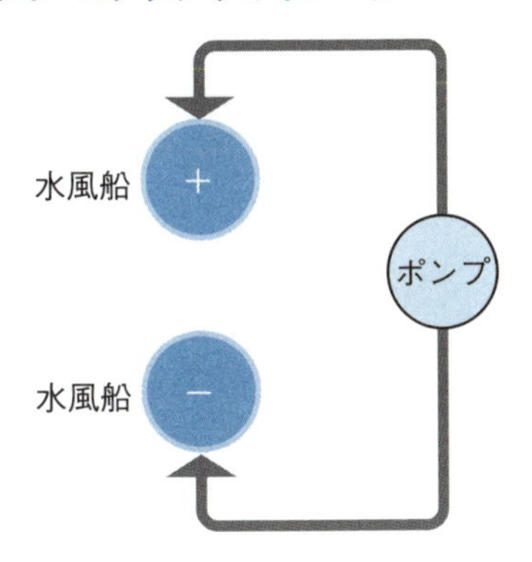

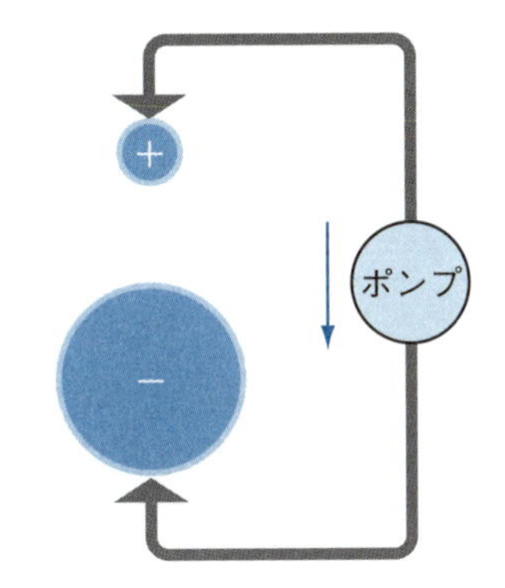

図 3-5-2　コンデンサの充電

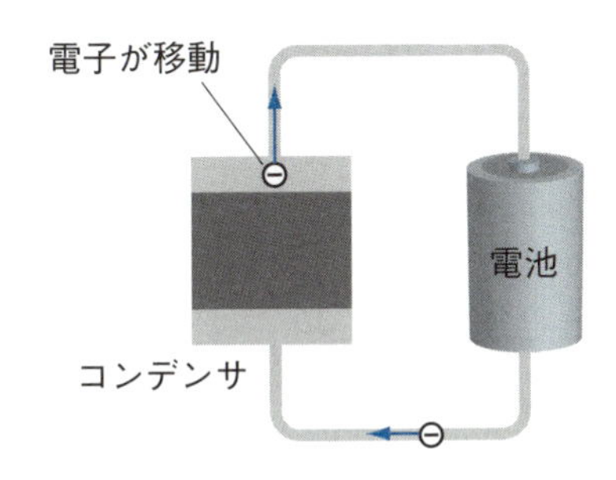

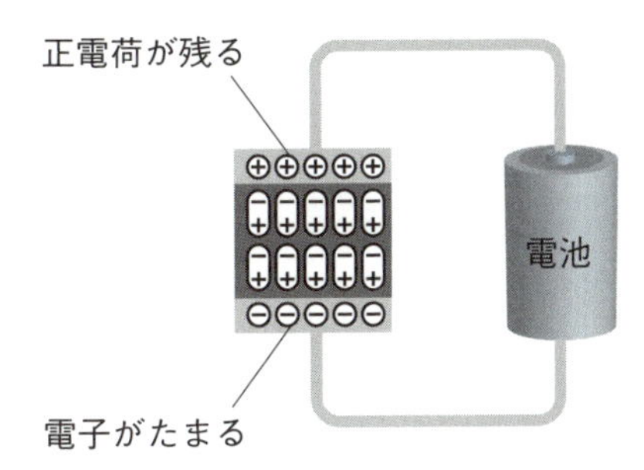

図 3-5-3　コンデンサの放電

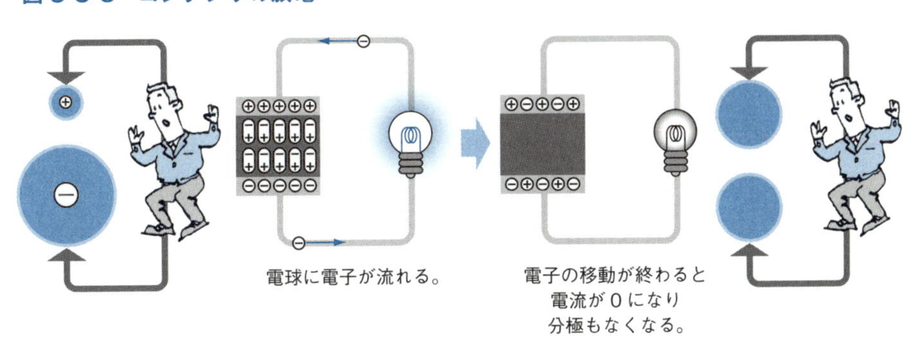

3-6 静電容量

●静電容量とは

電池にコンデンサを接続した状態を「水の回路」で考えると、コンデンサの２つの電極は２つの水風船、電池は水風船の水を移動させるポンプに相当します。水風船が大きいほど、たくさんの水を移動することになり、移動にかかる時間も長くなります。

これと同様に、薄い板状の形をしているコンデンサの電極の面積を広くすると、移動する電子の量も多くなり、移動にかかる時間も長くなります。

このコンデンサが溜められる電子の量を**静電容量**や**キャパシタンス**といい、単位にファラド［F］を用います。1［F］のコンデンサに1［V］の電圧をかけると、1［C］の電荷が溜まります。

●静電容量の求め方

誘電体の誘電率 ε［F/m］、電極の面積 S［m^2］、電極間の距離 d［m］のコンデンサの静電容量 C［F］は、

$$C = \frac{\varepsilon S}{d}$$

で求められます。したがって、誘電体の誘電率 ε や電極面積 S を大きくしたり、電極間の距離 d を短かくすると、静電容量 C が大きくなります。実際のコンデンサは、薄く広い電極と誘電体を重ねて、巻いたりたたんだりして、大きな静電容量でもコンパクトになるようにしています。

また、静電容量 C［F］のコンデンサに電圧 V［V］をかけると、コンデンサに溜まる電荷量 Q［C］は、

$$Q = C \times V$$

となります。この式から、静電容量 C が大きいほど、またコンデンサにかける電圧 V が高いほど、コンデンサにたくさん電荷が溜まることがわかります。このコンデンサの性質は、「水の回路」の水風船が大きいほど、ポン

プの水圧が高いほど、水風船にたくさん水が溜まるのとよく似ています。

図 3-6-1　静電容量

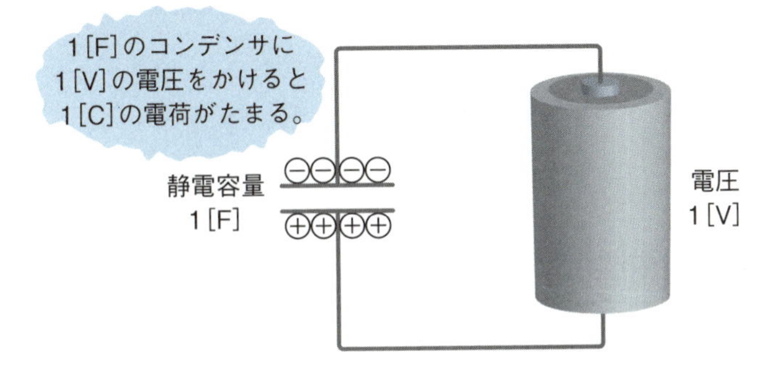

図 3-6-2　コンデンサの静電容量

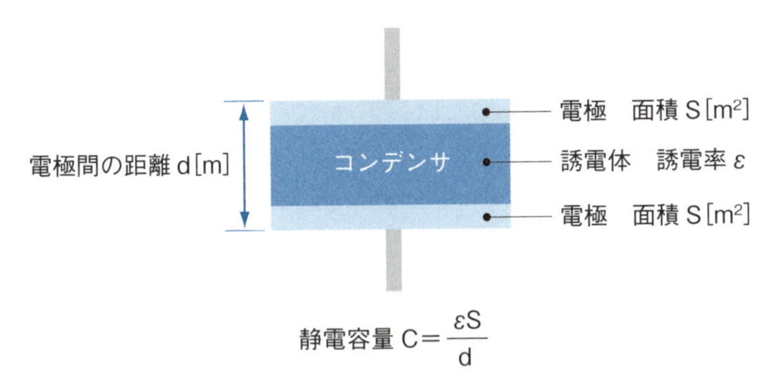

静電容量 $C=\frac{\varepsilon S}{d}$

図 3-6-3　静電容量と電極面積、電極間距離の関係

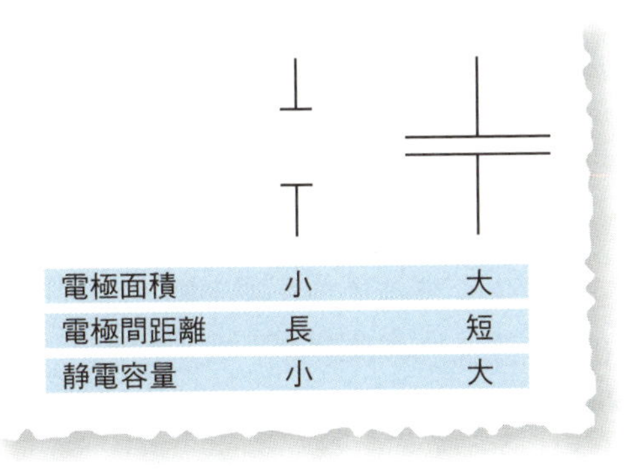

電極面積	小	大
電極間距離	長	短
静電容量	小	大

3-7 磁石

●磁力と磁気

鉄に磁石を近づけると引き寄せようとします。この引き寄せようとする力を**磁力**といいます。また、磁力が引き起こす作用や性質を**磁気**といいます。

磁気と電気は密接な関係があり、電線に電流が流れると周りに磁気が発生したり、磁気があるところで電線を動かすと電線に電圧が発生したりします。

●磁石の性質

電荷はプラスとマイナスの極性がありますが、磁石にはN極とS極という極性があります。これを**磁極**といいます。N極とS極を近づけると引き付け合う力が働き、N極どうしまたはS極どうしを近づけると遠ざけ合う力が働きます。電荷もプラスとマイナスは引き付け合い、プラスどうしやマイナスどうしは遠ざけ合うので、よく似ています。

小学校のときに理科の実験で使った棒磁石は、半分が赤、半分が青に塗られていました。N極側が赤、S極側が青ですが、赤と青の境界線で切るとどうなるでしょう。N極とS極の2つに分離しそうに思えますが、実際はN極とS極が分離することはなく、一方がN極で、もう一方がS極の磁石が2つできます。磁石は磁区という目に見えないくらい小さな磁石が集まってできているため、磁石はどこで切っても、どんなに小さくしてもN極だけ、S極だけにはなりません。

しかし、磁気が引き起こす現象を考えるとき、N極とS極がセットになっていると複雑になるため、N極とS極が分けられると考えた方がわかりやすくなります。そのため、磁力の源になるN極とS極の小さな点を用います。この点を**磁荷**といい、磁荷の量を**磁荷量**といいます。N極はプラスの正磁荷として、S極はマイナスの負磁荷と考えます。

磁荷の量は磁極が帯びている磁気の量、つまり磁極の強さを表し、単位はウェーバー［Wb］を用います。

図 3-7-1　方位磁針のしくみ

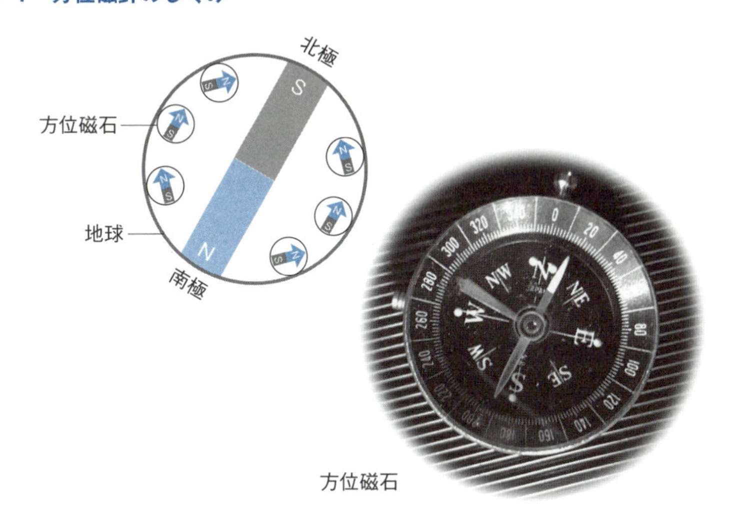

図 3-7-2　磁石と磁荷

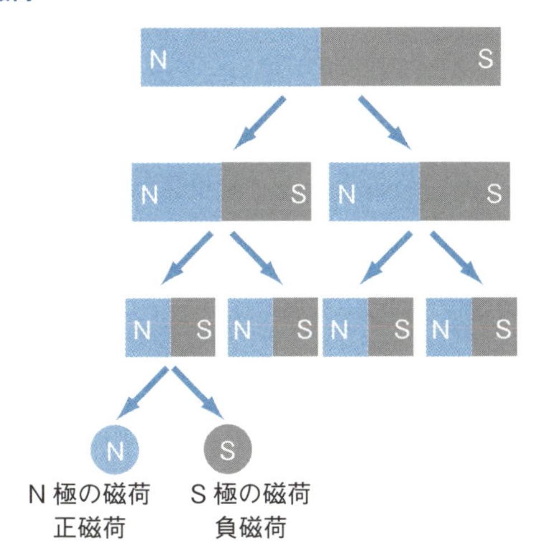

3-8 磁界

●磁界とは

ある空間に磁荷を置くと、その空間には磁力が働きます。その磁力が働く範囲を**磁界**や**磁場**といいます。磁荷が複数あると、それぞれの磁界が他の磁荷に作用して力が働き、引き付け合ったり、遠ざけ合う力が働きます。

●磁力線とは

磁界は目に見えないため、**磁力線**という線で表します。磁力線は、電荷の電気力線と同じように、磁荷から放射状に描き、磁力線どうしが交差することはありません。磁力線は、球体である磁荷の表面に対して垂直に出入りし、プラスであるN極の磁荷から出て、マイナスであるS極の磁荷に入る方向に矢印を付けます。N極の磁荷とS極の磁荷があると、N極から出た磁力線はS極に入ります。この磁力線の方向は、そこにプラスであるN極の磁荷を置いたときに、力が働く方向を示しています。マイナスであるS極の磁荷を置くと矢印と反対方向の力が働きます。

そして、磁力線の密度が高いほど、その部分の磁界は強くなり、そこに磁荷を置いたときに磁荷に働く力も強くなります。

磁力線の本数は、磁荷量と、磁荷のまわりの物質の透磁率によって変化します。**透磁率**は、磁荷を置いたときどの程度影響を及ぼすかを表す、物質により異なる値で、単位にヘンリー毎メートル［H/m］を用います。

●磁力線の本数

透磁率 μ［H/m］の中にM［Wb］の磁荷を置いたとき、放射される磁力線の本数N［本］は、

$$N = \frac{M}{\mu}$$

となります。したがって、磁荷のまわりの透磁率が低いほど、また磁荷が多

いほど、磁力線の本数は増えることになります。

図 3-8-1　磁石の磁力線

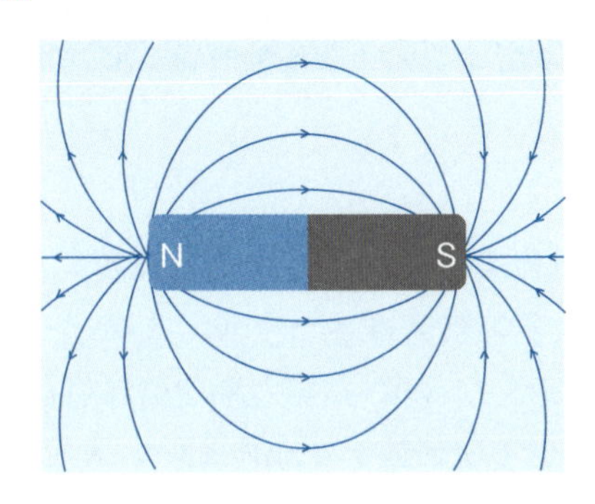

図 3-8-2　磁荷と磁力線

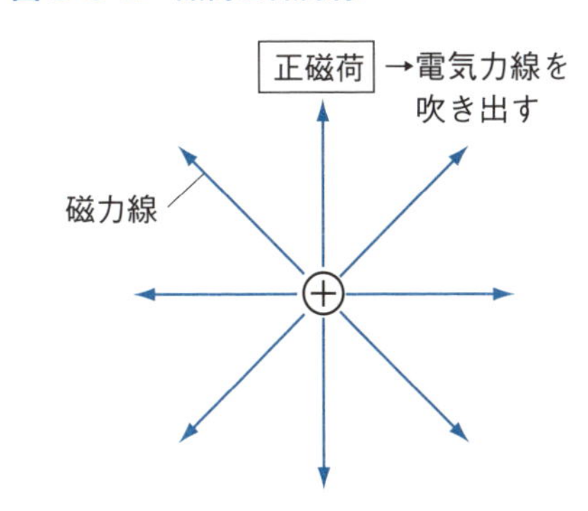

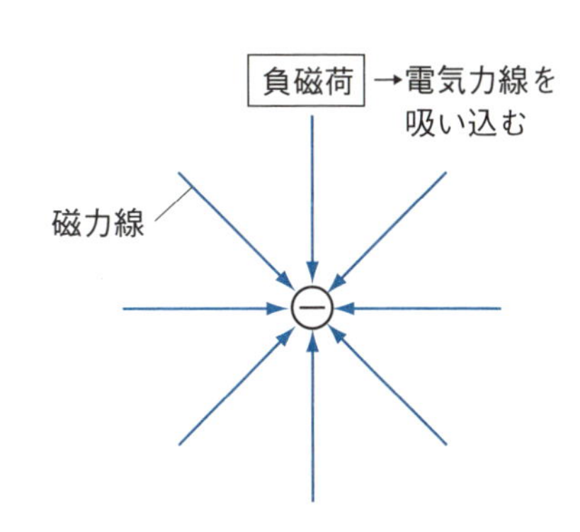

図 3-8-3　磁力線と磁荷の表面は垂直になる

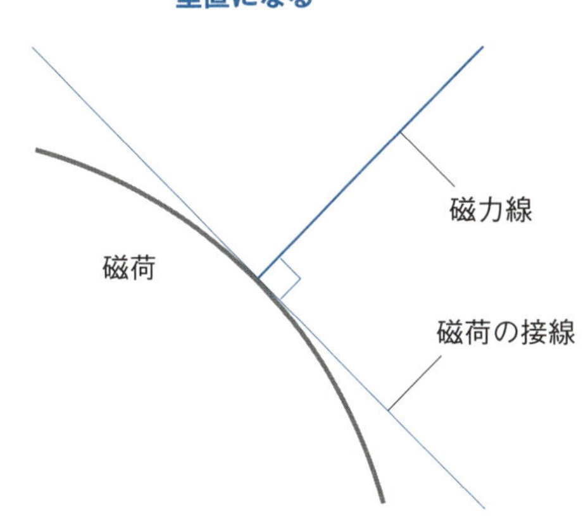

図 3-8-4　比透磁率の例

物質	比透磁率
銀・鉛・銅・水・真空・空気・アルミニウム	1
ネオジム・フェライト	1.1
コバルト	250
ニッケル	600
軟鉄	2000
鉄	5000
硅素鋼	7000
純鉄	200000

誘磁率 μ ＝真空の誘磁率 μ_0 ×比誘磁率 μ_S

$\mu_0 = 4\pi \times 10^{-7}$ [H/m]

3-9 クーロンの静磁界の法則

●磁界の強さとは

磁界に1［Wb］の磁荷を置いたとき、その磁荷に働く力の大きさを**磁界の強さ**といい、単位はアンペア毎メートル［A/m］を用います。磁界は磁力線の密度が高いほど強くなるため、磁力線の密度は磁界の強さを表します。

磁荷を持つ、非常に小さな物体を**点磁荷**といいます。点磁荷は大きさがないくらい小さな点と考えます。磁力線は点磁荷から周囲に向かって立体的に均一に放射されるため、点磁荷からr［m］離れたところの磁力線の密度は、点磁荷から放射される磁力線の総数を、点磁荷を中心とする半径r［m］の球の表面積で割ると求められます。

透磁率μ［H/m］の中に置いたM［Wb］の点磁荷からはM/μ［本］の磁力線が放射され、半径r［m］の球の表面積は$4\pi r^2$のため、M［Wb］の点磁荷からr［m］離れたところの磁力線の密度、つまり磁界の強さH［A/m］は、

$$H = \frac{m}{4\pi\mu r^2}$$

となります。

●点磁荷に働く力

磁荷が複数あると、磁荷どうしが押し合ったり、引き合ったりする力が働きます。例えば、磁荷が2つあるとそれぞれの磁荷に働く力は、磁荷量に比例し、磁荷間の距離の2乗に反比例します。この法則を**クーロンの静磁界の法則**といい、磁荷に働く力を**磁力**や**磁気力**といいます。

透磁率μ［H/m］の中に置いたM_1［wb］の点磁荷からr［m］離れたところにM_2［wb］の点磁荷を置くと、M_2［wb］に働く力F［N］は、

$$F = \frac{M_1 M_2}{4\pi\mu r^2}$$

となります。M_1とM_2が同じ符号であればFは+の反発力となり、異なる

符号であればFは－の吸引力になります。

図 3-9-1　磁界の強さ

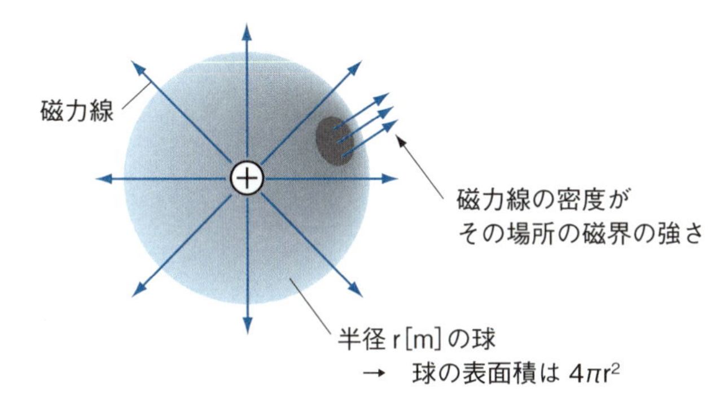

図 3-9-2　磁荷に働く力

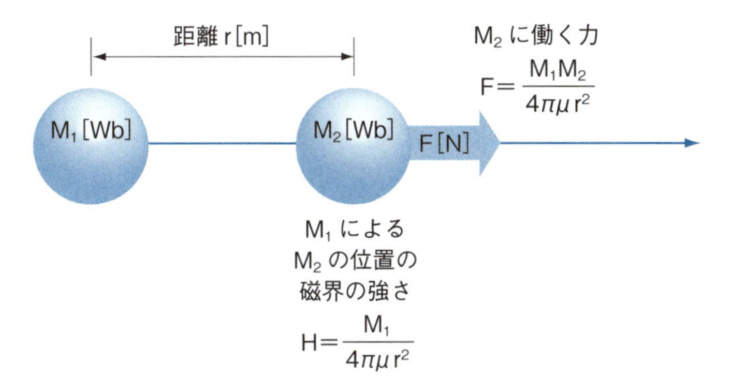

図 3-9-3　反発力と吸引力

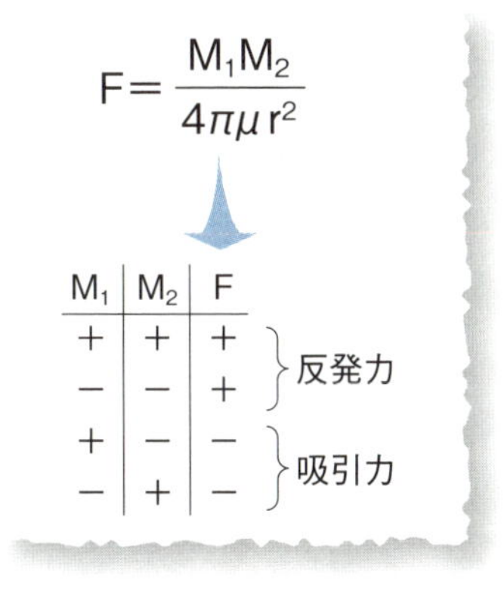

3-10 磁気誘導

●磁石が釘を引き寄せるしくみ

釘は磁石を近づけると引き寄せられます。これは**磁気誘導**という現象が起こるからです。磁気を帯びていない鉄は、鉄の中の小さな磁石である磁区が、それぞれバラバラの方向を向いているため、外部に磁力が現れない状態です。磁区の向きがバラバラの鉄に磁石のＮ極を近づけると、鉄の磁区のＳ極を引き寄せ、Ｎ極を遠ざける力が働きます。磁区はＮ極とＳ極が１セットで、磁区自体が移動することはできないため、その場で向きがかわってすべての磁区が同じ方向を向きます。すると、鉄が磁気を帯びるため、磁石に引き寄せられます。このように、物質が磁気を帯びることを**磁化**といいます。

鉄に磁石のＳ極を近づけると、今度は磁区のＮ極を引き寄せ、Ｓ極を遠ざける力が働き、磁石のＮ極を近づけたときと反対方向に磁区が揃います。そのため、鉄は磁石のＮ極にも、Ｓ極にも引き寄せられることになります。

このように、磁石が他の物質の磁区の向きを揃えて磁気を帯びさせる現象を**磁気誘導**といいます。

●強磁性体を着磁して磁石にする

釘を磁石に付けると、磁石から離したあとも釘が磁力を帯びていることがあります。このように磁力がない物質が磁力を帯びることを**着磁**といいます。

着磁された物質は、反対方向の磁界をかけると磁力がなくなります。物質の磁力を取り去るために必要な反対方向の磁界の強さを、その物質の**保磁力**といいます。保磁力が大きい物質は、磁石から離しても磁力が長持ちする性質があり、このような物質を**硬質磁性体**といいます。反対に保磁力が小さい物質は、磁石から離すとすぐに磁力を失ってしまう性質があり、このような物質を**軟質磁性体**といいます。

釘の原料である鉄は軟質磁性体のため、一旦、着磁してもしばらくすると磁力が弱まってしまいます。そのため、永久磁石にはフェライトやネオジムなどの硬質磁性体を、強い磁界の中において着磁してつくります。

図 3-10-1　磁気誘導

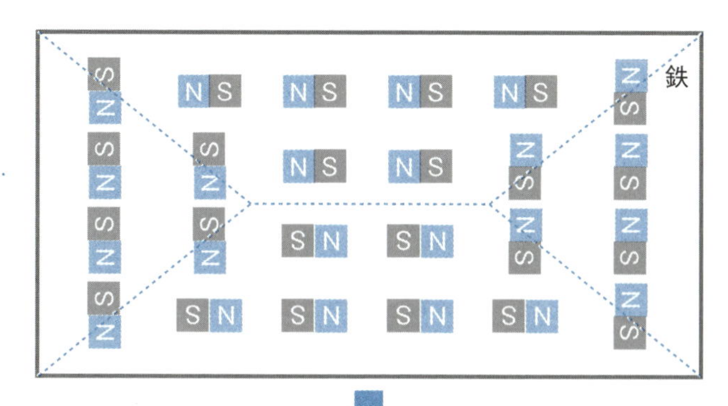

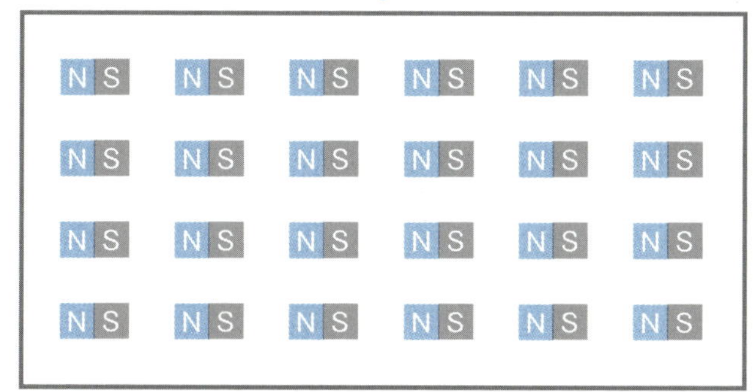

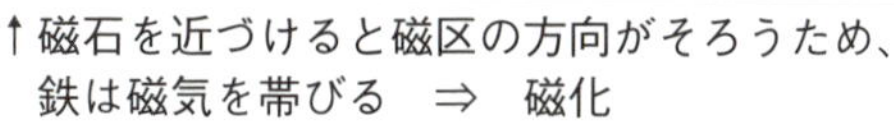

磁石

図 3-10-2　軟磁性体と硬磁性体

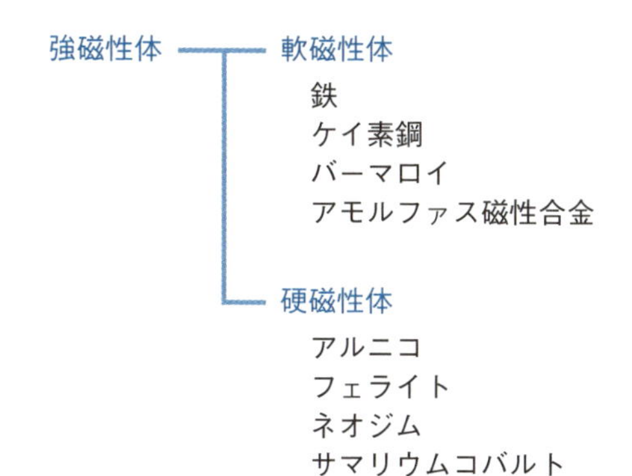

3-11 コイルのしくみ

●電流がつくる磁界

電流が流れると、その周りには磁界が発生します。例えば、電線に電流を流すと、電線の断面方向に電線を中心とした円を描くように磁力線がつくられます。この磁力線を確認するためには、電線を垂直に貫通させた紙を水平に置き、砂鉄をばらまいて、電線に電流を流します。すると、電流がつくる磁界により、砂鉄が何重もの円の模様になります。

電流を上から下方向に流すと、紙面上には右回りの方向の磁界ができます。反対に、電流を下から上方向に流すと、左回りの方向の磁界ができます。このように、電流の進行方向に向かって見ると右回りの方向の磁界ができるので、右回りに回すと進んでいくねじになぞらえて、**アンペールの右ねじの法則**といいます。

●コイルとは

まっすぐな電線を丸めて輪をつくり電流を流すと、アンペールの右ねじの法則に基づいて輪の部分に流れる電流が磁力線をつくり、その磁力線が輪の中を通過します。絶縁された電線を何周も巻いて輪をたくさんつくって重ねると、たくさんの磁力線が輪の中を通過することになります。このように、絶縁された電線を螺旋状に巻いたものを**コイル**といいます。

コイルを巻いた回数を**コイルの巻き数**といいます。巻き数が多くなると、コイルの輪を通過する磁力線が増加するため、磁力が強くなります。強力なコイルを作るには巻き数を増やす必要があるため、サイズが大きくならないよう、細い銅線に薄くエナメルを塗ったエナメル線が用いられます。

また、コイルの輪の中に透磁率が高い物質でつくられたコアを入れることにより、さらに磁力を強めることができます。

図 3-11-1　アンペールの右ねじの法則

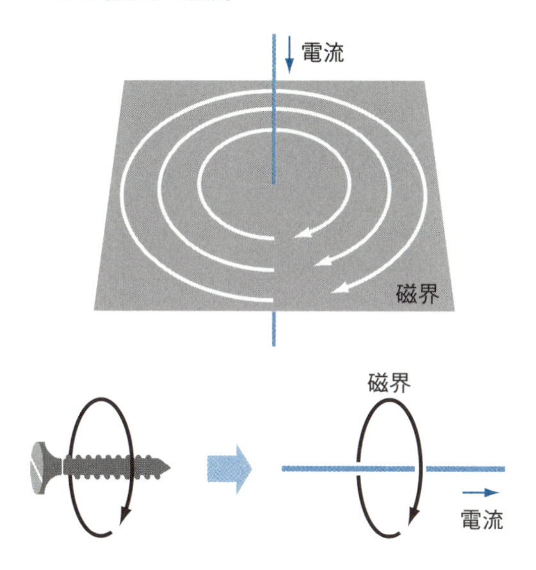

図 3-11-2　コイルの原理

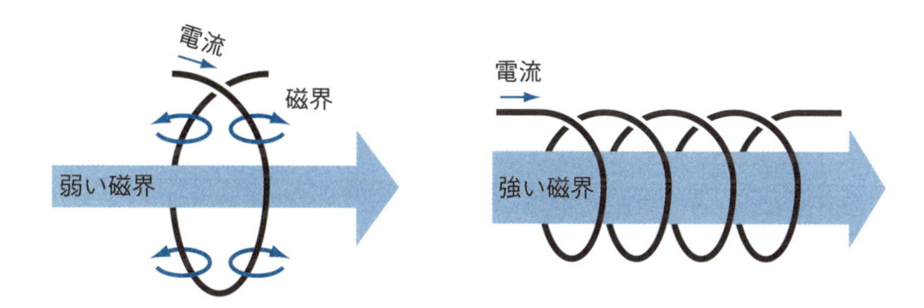

図 3-11-3　コア

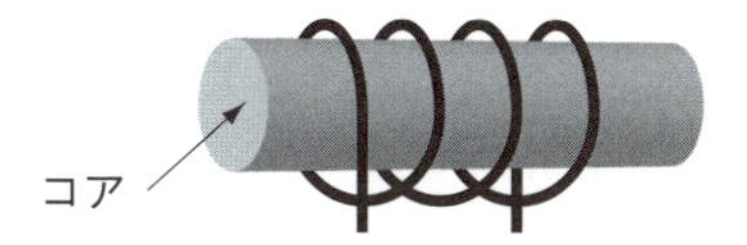

3-12 フレミング左手の法則

●フレミングの左手の法則とは

電線に電流を流すと、アンペールの右ねじの法則に従って、電線の周りに磁界をつくります。磁界の中に電線をおいて電流を流すと、電流がつくる磁界と周囲にある磁界が作用しあって、電線に力が働きます。この力を**電磁力**といいます。電磁力は、モーターのように電気エネルギーを力に変える機器で利用されています。

フレミングの左手の法則は、電磁力の方向、磁界の方向、電流の方向の関係を表す法則です。「ヒダリのリはデンジリョクのリ」と覚えましょう。

●電磁力の方向

2つの磁石を、N極とS極が向かい合うように間隔をあけておくと、N極からS極への磁界ができます。N極が上、S極が下に来るようにすると、上から下に向かう磁界ができます。

この磁界の中に、水平に手前から奥に向かって電線を張って電流を流すと、アンペールの右ねじの法則に従って磁界ができます。電線の右側では、磁石が作る磁力線と電流がつくる磁力線がともに上から下へ向かい、電線の左側では、磁石がつくる磁力線が上から下、電流が作る磁力線が下から上に向かいます。同じ方向の磁力線は遠ざけあい、反対方向の磁力線は引き付け合う性質があるため、電線は左側に向かう力が働きます。

フレミングの左手の法則は、左手の親指、人差し指、中指がそれぞれ90度になるように立てると、親指は電磁力、人差し指は磁界、中指は電流の方向になるという法則です。上から下への磁界なので人差し指を下に向け、手前から奥への電流なので中指を奥に向けます。すると親指が左側を向くので、電磁力が左側に働くことがわかります。

図 3-12-1　電磁力

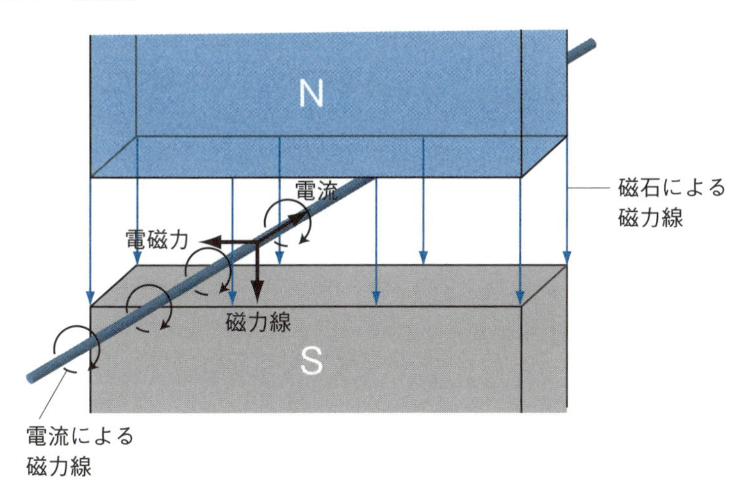

図 3-12-2　フレミングの左手の法則

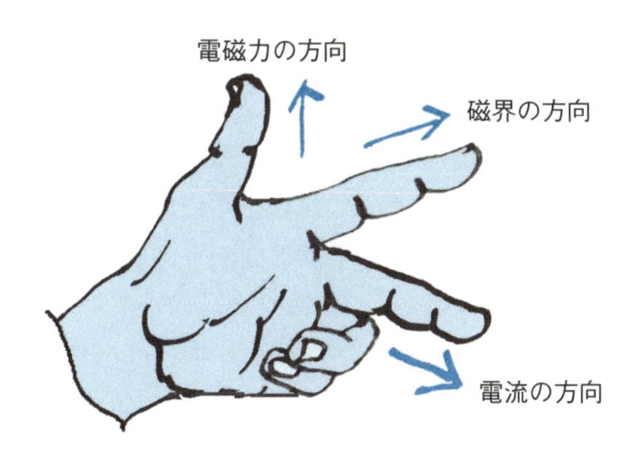

3-13 フレミング右手の法則

●フレミングの右手の法則とは

磁界においた電線を動かすと、電線の両端に電圧が現れます。この現象を**電磁誘導作用**といい、発生した電圧を**誘導起電力**といいます。誘導起電力は、発電機のように運動エネルギーを電気に変える機器で利用されています。フレミングの右手の法則はこの電線を動かす方向、磁界の方向、誘導起電力がかかる方向の関係を表す法則です。「ミギのギはキデンリョクのキ」と覚えましょう。

●誘導起電力の方向

2つの磁石を、N極とS極が向かい合うように間隔をあけておき、N極が上、S極を下にすると、上から下に向かう磁界ができます。この磁界の中に、水平に手前から奥に向かって電線を張って、電線を左に動かすと電線が磁力線を切ります。すると、電線の奥から手前に向かう方向に誘導起電力が発生します。

誘導起電力は、電線が磁力線を切るように動いているときだけ発生し、動きが止まると誘導起電力も0になります。また、電線は動かさずに、磁石を動かして電線が磁力線を切るようにしても、誘導起電力が発生します。

フレミングの右手の法則は、右手の親指、人差し指、中指がそれぞれ90度になるように立てると、親指は電線の移動方向、人差し指は磁界、中指は誘導起電力の方向になるという法則です。上から下への磁界なので人差し指を下に向け、電線を右に移動するので親指を右に向けます。すると中指が手前を向くので、誘導起電力が奥から手前に向かう方向に発生することがわかります。

●レンツの法則

コイルの近くで磁石を動かすと、コイルのまわりの磁界の強さが変化します。コイルは、まわりの磁界の変化を妨げるように、コイルに電流を流して磁界をつくろうとして、自ら誘導起電力を発生する性質があります。これを**レンツの法則**といい、コイルに流れる電流を**誘導電流**といいます。

図 3-13-1　電磁誘導作用

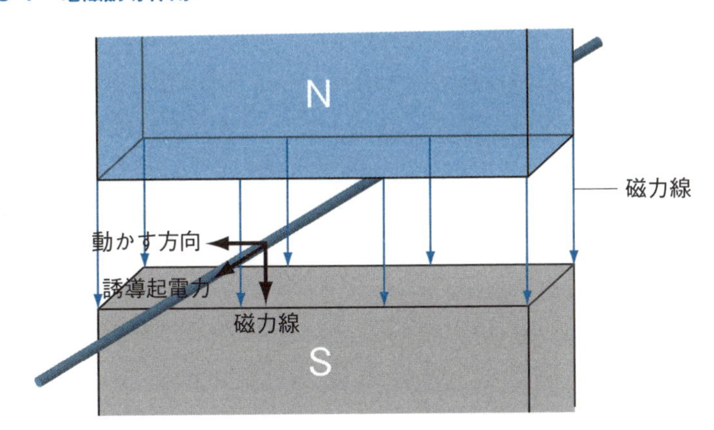

図 3-13-2　フレミングの右手の法則

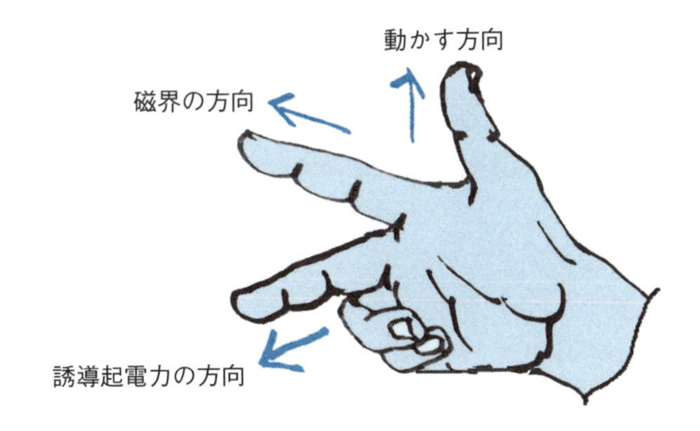

3-14 自己誘導作用

●自己誘導作用とは

コイル、電池、スイッチを直列に接続して、スイッチを入れると電流が流れます。すると、コイルが磁力線を発生し、コイルの周りに磁界ができます。コイルは自分がつくった磁界に対しても、レンツの法則の通り、磁界の変化を打ち消そうとします。そのため、コイルにかかっている電圧と反対方向の誘導起電力を発生して、電池から流れる電流と反対方向の誘導電流を流し、周囲にできた磁界と反対方向の磁界をつくることで、磁界を打ち消そうとします。この作用を**自己誘導作用**といいます。

自己誘導作用は、磁界の変化が大きいほど強く作用します。スイッチを入れると、磁界が急につくられるため、自己誘導作用が強く発生します。時間の経過とともに、自己誘導作用は徐々に小さくなっていき、最終的には自己誘導作用がなくなって電流が一定となります。スイッチを切ると、電流が止まって急に磁界がなくなるため、強い自己誘導作用が発生し、それまで流れていた電流を流し続けようとする誘導起電力が発生します。

●自己誘導作用の強さ

コイルに流れる電流が変化したときに、どのくらいの強さの自己誘導作用が起きるかを表す値を**自己インダクタンス**といい、単位はヘンリー［H］を用います。1秒間に電流が1［A］変化したとき、1［V］の誘導起電力が発生するコイルの自己インダクタンスは1［H］になります。

これを数式で表すと、自己インダクタンスがL[H]、電流の変化量がdi[A]、電流の変化にかかる時間がdt［秒］のとき、誘導起電力e［V］は、

$$e = -L\frac{di}{dt}$$

となります。自己インダクタンスを大きくするためには、コイルの巻数を増やす、コイルの断面積を大きくするなどの方法があります。

図 3-14-1　自己誘導作用

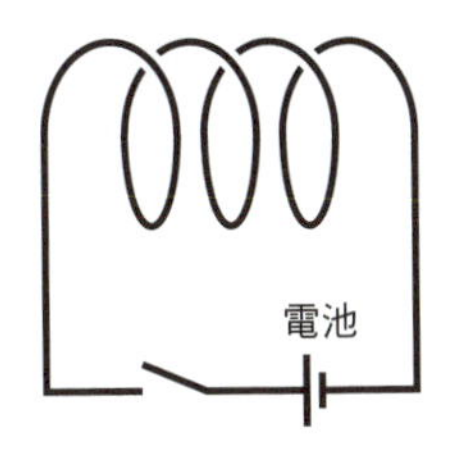

スイッチが OFF の状態では
磁界がない。

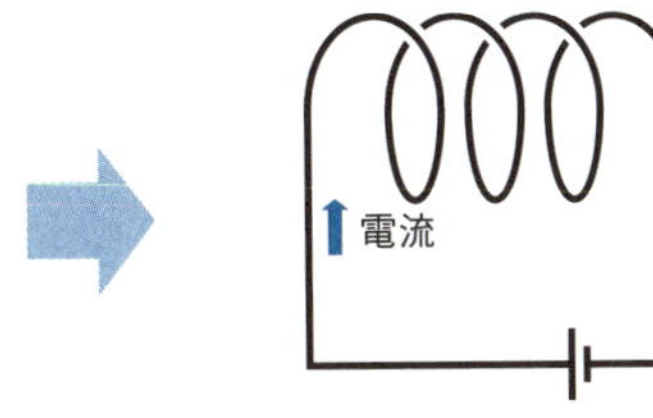

スイッチを ON にすると電池から
コイルに電流が流れる。

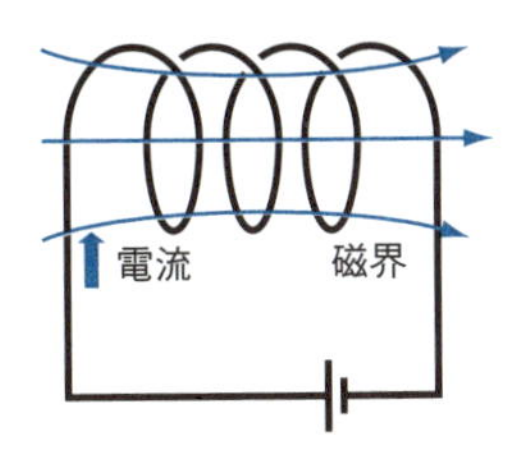

電流が流れるとコイルは磁界をつく
る。

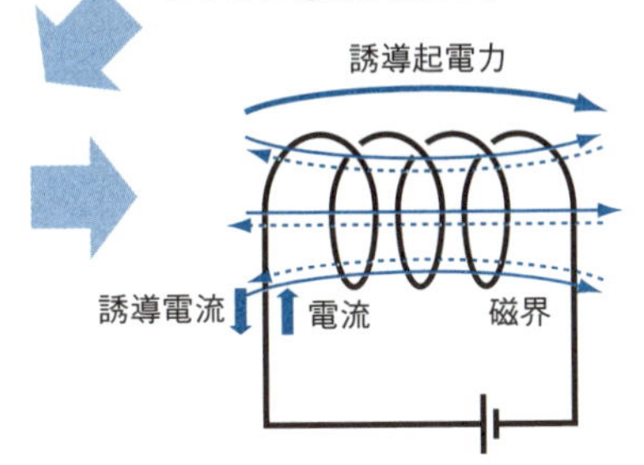

コイルにかかる電圧と反対方向の誘
導起電力が発生し誘導電流が流れ、
磁界の変化を打ち消そうとする。

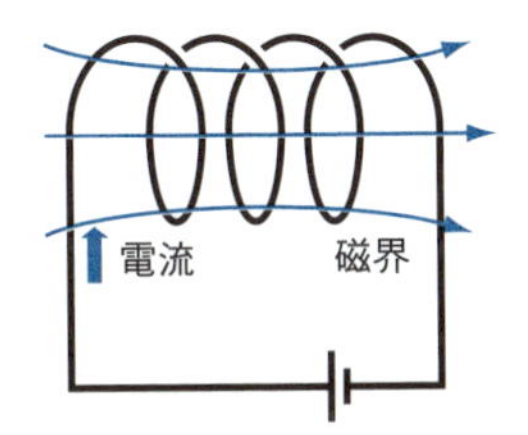

時間がたつと誘導起電力が消滅し、
電流と磁界が安定する。

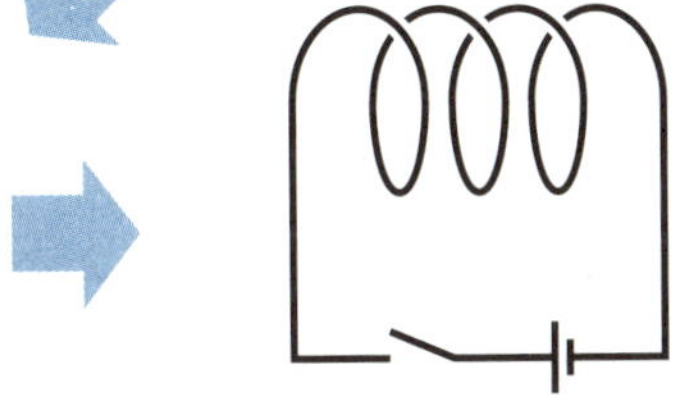

スイッチを OFF にすると電流が流
れなくなり、磁界が消滅する。

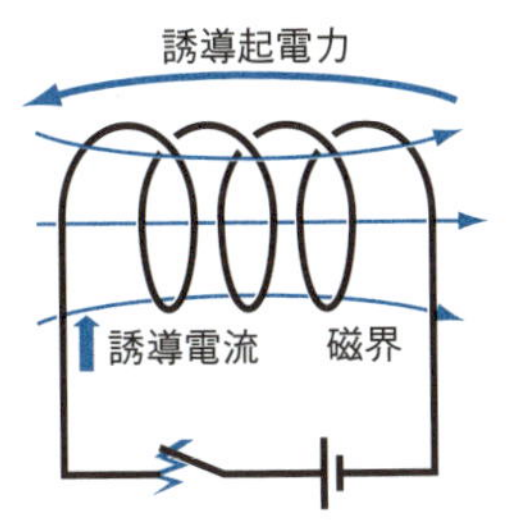

コイルにかかっていた電圧と同一方
向の誘導起電力が発生し、誘導電流
を流して磁界の消滅をさまたげよう
とする。

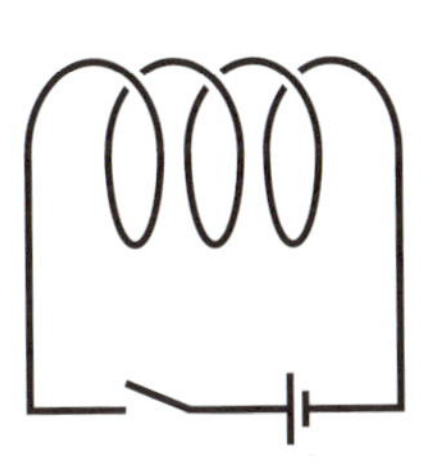

時間がたつと誘導起電力が消滅する。

3-15 相互誘導作用

●相互誘導作用とは

コイル１とコイル２を並べておき、コイル１にスイッチと電池を接続します。そして、スイッチを入れて電流を流します。するとコイル１は磁力線を発生し、コイル１の周りには磁界ができます。コイル１には、この磁界の変化で自己誘導作用が発生します。

コイル１の磁力線がコイル２を通過すると、コイル２の周りの磁界も変化します。すると、コイル２は磁界の変化を打ち消すように磁界をつくろうとして、それに必要な誘導電流を流すため誘導起電力が発生します。これを**相互誘導作用**といいます。

相互誘導作用は自己誘導作用と同様に、磁界の変化が大きいほど強く作用するため、コイル１のスイッチを入れたときと切ったときに、大きな誘導起電力を発生します。コイル１のスイッチを入れてしばらくすると、コイル１の電流が一定になり、磁界も一定になって変化しなくなるため、相互誘導作用はもなくなります。

●相互誘導作用の強さ

コイル１の電流が変化したときに、コイル２にどれくらいの強さの相互誘導作用が起きるかを表す値を**相互インダクタンス**といい、単位は自己インダクタンスと同じヘンリー［H］を用います。コイル１の電流が１秒間に１［A］変化したとき、コイル２に１［V］の誘導起電力が発生する場合、コイル２の相互インダクタンスは１［H］になります。

これを数式で表すと、相互インダクタンスがM［H］、電流の変化量がdi［A］、電流の変化にかかる時間がdt［秒］のとき、誘導起電力e［V］は、

$$e = -M\frac{di}{dt}$$

となります。コイル１のコアとコイル２のコアをつなげると、コイル１がつ

くる磁力線がコイル２を通過する割合が多くなるため、相互インダクタンスが大きくなります。

図 3-15-1　相互誘導作用

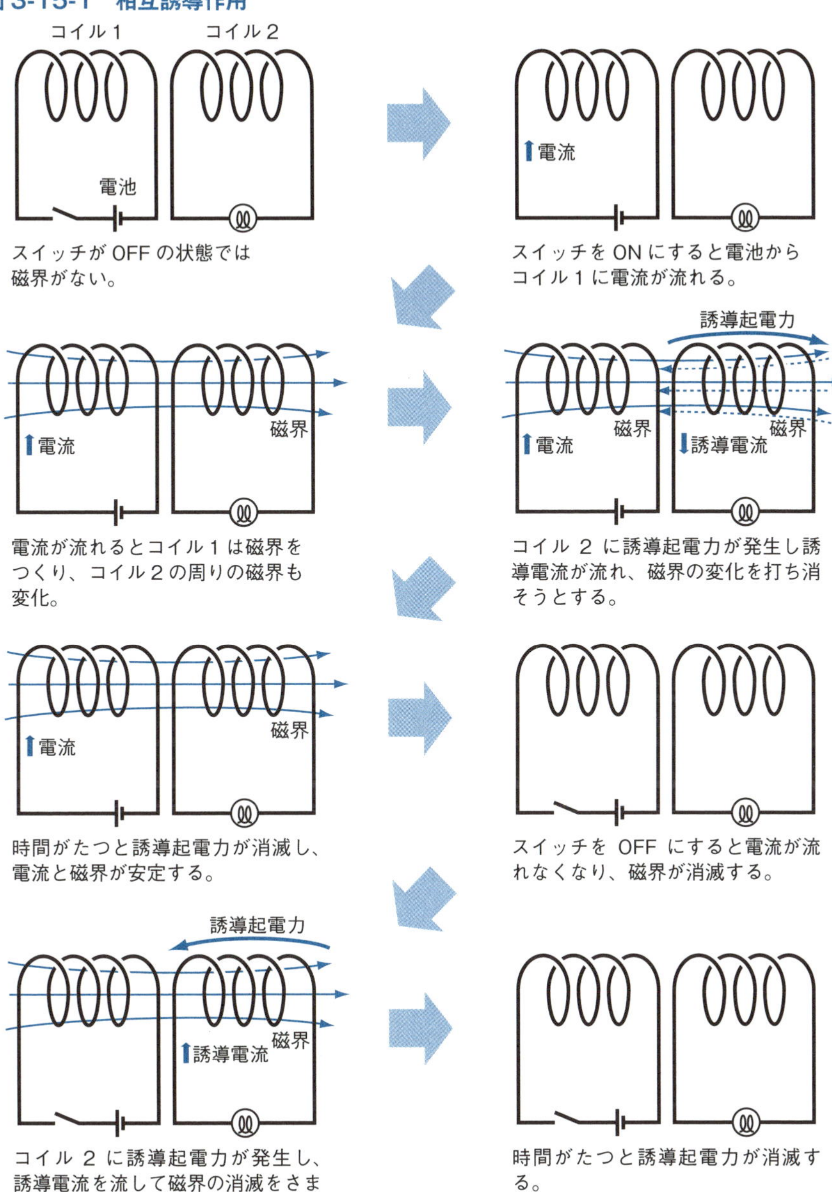

電気回路のトラブル③　トラッキング

トラッキングとは、絶縁物の表面の汚れに電流が流れてしまう現象です。冷蔵庫や洗濯機など、日ごろ抜き差ししないプラグには埃が溜まっていることがあります。この埃が湿気により湿った状態になると、絶縁抵抗が低下してプラグの刃から電流が流れます。電流が流れると、ジュール熱が発生し、電流が流れたルートが乾燥して細い乾燥帯になりますが、乾燥帯の周りの湿った部分はプラグの刃の電圧がかかっているため、乾燥帯を飛び越えて微小な放電が発生することがあります。この微小な放電により埃が炭化すると電気が流れやすくなります。炭化した部分が増えていくと、短絡や漏電に移行することがあり、場合によってはプラグやコンセントが焦げたり、火災が発生したりします。

送電線は碍子（がいし）という磁器製の絶縁物でできた器具を介して鉄塔に固定されていますが、碍子も表面が埃や塩分で汚れてくると、プラグと同じようにトラッキングが起きることがあります。

このように、トラッキングは当初なかった新しい電気回路が自然とできて、放っておくと事故になるという厄介な現象です。これを防止するためには、汚れを定期的に掃除して、埃を除去する必要があります。

交流回路入門

電気回路には、直流回路と交流回路があります。交流回路は直流回路にくらべて複雑で難しいイメージがありますが、直流回路と共通の部分が多いので、直流回路と比較しながら交流回路を見ていきましょう。

4-1 交流とは

●交流は大きさが変化する

直流の電圧は一定です。電池の寿命に応じてだんだん電圧が下がってくることはありますが、電圧が短時間に大きく変化することはありません。直流電源である電池を電球などの抵抗に接続すると、抵抗に流れる電流は電圧に比例するというオームの法則に従って、電流も一定になります。

一方、交流の電圧は周期的に方向と大きさが変化する電気です。電力会社は交流の電気を供給していて、コンセントの2つの穴には交流の電圧100[V]がかかっていますが、だいたい0.01秒おきにプラスとマイナスが交互に入れ替わります。この電圧をグラフに表すと、丸みを帯びた山と谷が交互に連続する正弦波という波形になるため、**正弦波交流**といいます。

オームの法則は直流でも交流でも成立するため、交流の電源に負荷をつなぐと、流れる電流も交流になります。

●直流はポンプで交流はピストン

直流電源を「水の回路」に置き換えるとき、水をポンプで押し出していると考えましたが、交流電源は電流の向きが周期的に入れ替わるため、ピストンが水を押し出したり、吸い込んだりしていると考えます。

このピストンは、シリンダの中を上下に動きます。シリンダの上端と下端はホースにつながっていて、シリンダとホースの中は水で満たされています。ピストンが上に動くと上のホースから水を押し出し、下のホースから水を吸い込みます。ピストンが上端まで到達すると反転して下に動くため、今度は上のホースから水を吸い込み、下のホースから水を押し出します。そのため、水が流れる方向は時間の経過とともに反転することになります。

このピストンの動きが一定速度の場合は波形が直線になりますが、シリンダの上端や下端ではゆっくり動き、シリンダの中央付近では速く動くため、波形は曲線になると考えます。

図 4-1-1　直流と交流

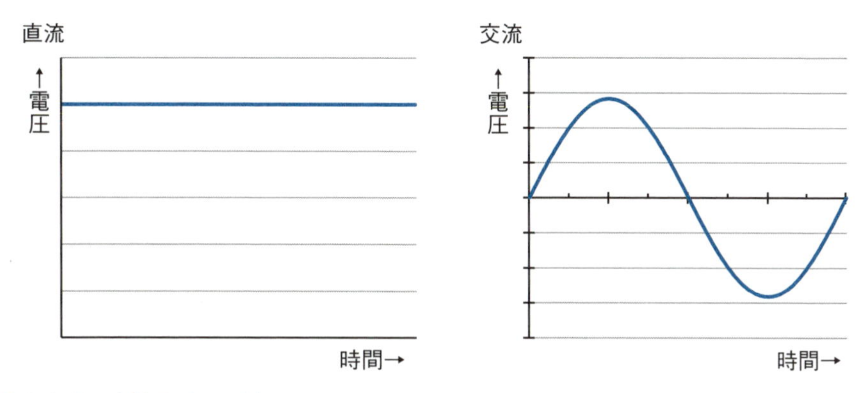

図 4-1-2　交流のイメージ

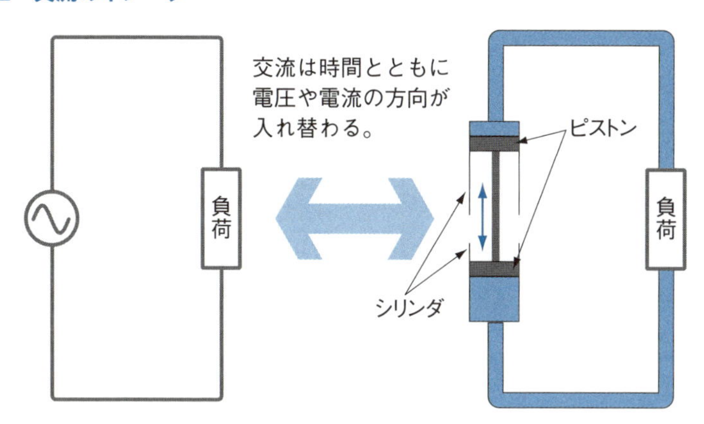

図 4-1-3　交流の動き

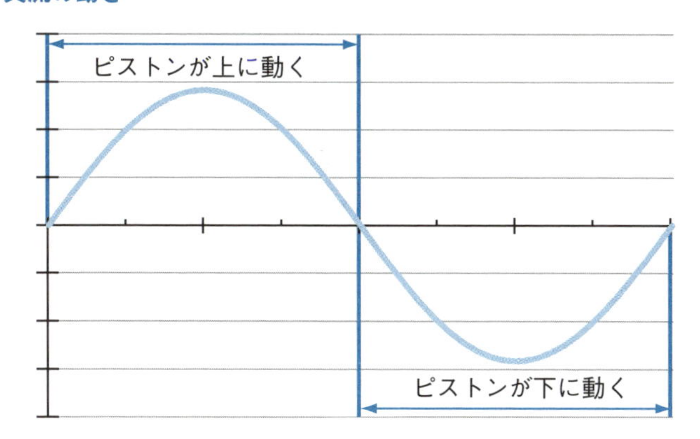

4-2 正弦波交流

●正弦波とは

正弦波交流の正弦とは、三角関数の sin のことです。y = sin x という式を横軸が x、縦軸が y としたグラフに表すと、正弦波の波形が表れます。この正弦波の波形が描かれるメカニズムを見てみましょう。

●時計の針の動き

正弦波交流の波形を考えるとき、アナログ時計の動きが役に立ちます。このアナログ時計を本書では**正弦波交流の時計**と呼ぶことにします。

「正弦波交流の時計」には、重要なポイントが3つあります。1つ目のポイントは、アナログ時計は右回りに回りますが、「正弦波交流の時計」は左回りに回ると考えます。2つ目のポイントは、時計の中心の高さを0と考えます。したがって、3時や9時は高さが0になります。3つ目のポイントは、12時はプラスの最大、6時はマイナスの最大と考えます。秒針の長さが10 cmだとすると、12時は+10 cm、6時は−10 cmとなります。この考え方で、時間の経過とともに変化する、秒針の先端の高さをグラフ化してみます。グラフの横軸は時間、縦軸は秒針の先端の高さとします。

秒針は時計の3時の位置からスタートします。したがって、スタート時の高さは0となります。スタートから15秒後、秒針は12時の位置にあるため高さは10 cm、スタートから30秒後、秒針は9時の位置にあるため高さは0になります。

9時の位置からは、時計の半分から下の範囲に入るため、高さはマイナスの値になります。スタートから45秒後、秒針は6時の位置に位置になるため高さは−10 cm、スタートから60秒後は3時の位置に戻るため高さは0となります。このように秒針の先端の高さをグラフに書き進めていくと正弦波の波形が完成します。

図 4-2-1　正弦波交流の時計

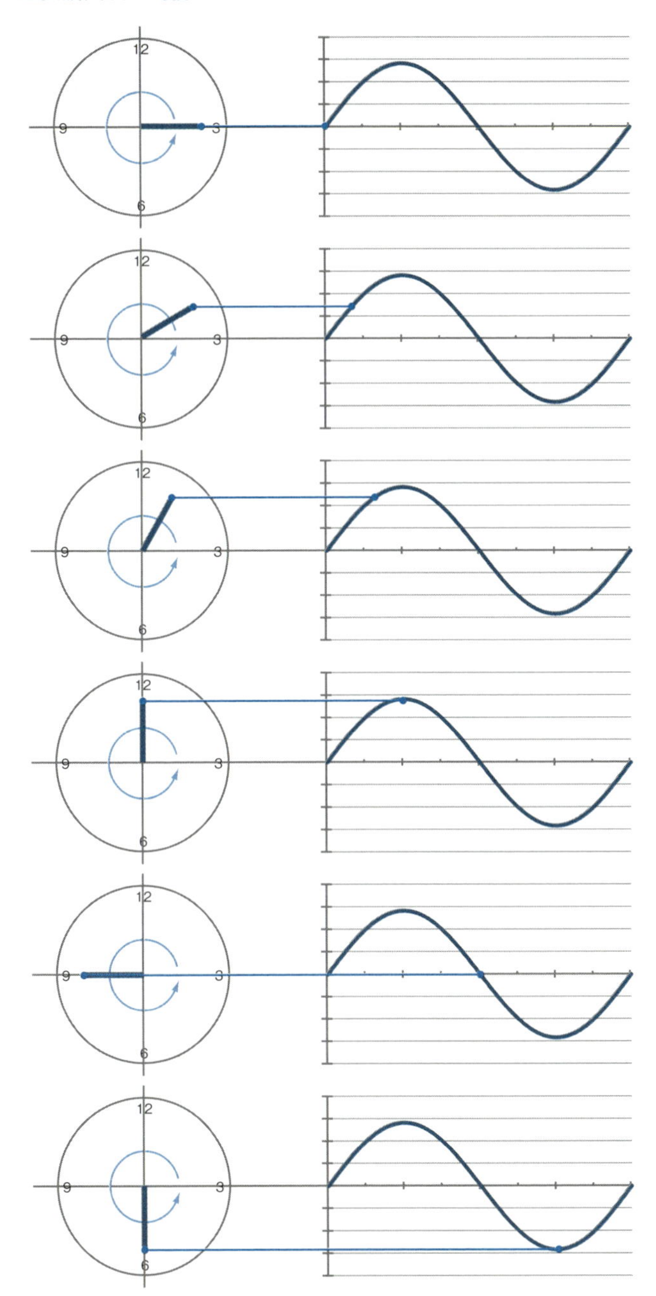

4-3 周波数

●周波数とは

交流波形の連続する山１つと谷１つを**サイクル**といいます。１秒間のサイクルの数を**周波数**といい、単位はヘルツ［Hz］を用います。電力会社から供給される交流の電力は、東日本では１秒間に50個、西日本では１秒間に60個のサイクルが並びます。したがって、東日本では50［Hz］の、西日本では60［Hz］の電気が供給されていることになります。「正弦波交流の時計」で考えると、秒針が東日本では１秒間に50回、西日本では60回回転していることになります。

東日本では、１秒間に50個のサイクルが並ぶため、１つのサイクルは0.02秒になります。このように、１つのサイクルあたりの時間を**周期**といい、周期は「正弦波交流の時計」が１周する時間にあたります。

●周波数が２種類ある理由

1880年代、世界各国でそれまで主流であった直流送電にかわり、交流送電が増加していきます。直流と比べ、交流は変圧器で電圧を容易に変換できるという長所があります。同じ電力を送電するのであれば、高い電圧で送電した方が電流が抑えられ、電力損失を減らせるメリットがあります。そのため、発電所から高い電圧で送電し、電力を使用する場所の近くで低い電圧に変換することにより、効率的に送電することができます。

また、三相交流という交流は、３つのコイルを接続すると一定の速さで回転する回転磁界を簡単につくることができます。この回転磁界が交流モーターの回転の原理となっています。交流モーターは、直流モーターに比べて構造が非常にシンプルで、丈夫という特徴があります。

1890年代に、日本は海外から発電機を輸入し、交流送電が普及していきます。当時、東京の電力会社は50［Hz］を採用しているドイツの発電機を、大阪の電力会社は60［Hz］を採用しているアメリカの発電機を輸入したため、東日本は50［Hz］、西日本は60［Hz］が標準になっています。

図4-3-1　サイクルと周期

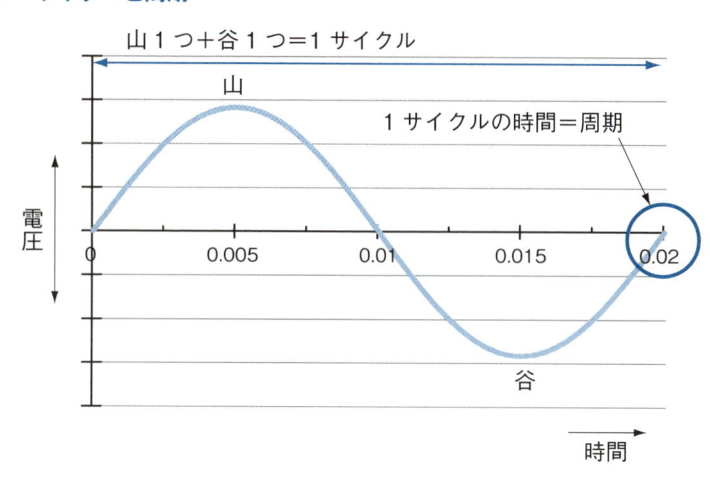

図4-3-2　日本の周波数

瞬時値

●瞬時値とは

正弦波交流の電圧や電流は、時間の経過とともにその値が変化します。その瞬間における電圧や電流などの値を**瞬時値**といいます。瞬時値は「正弦波交流の時計」で考えると、その瞬間における秒針の高さにあたります。

●プラスとマイナスが入れ替わるとどうなるか

交流はプラスとマイナスが周期的に入れ替わり、入れ替わる瞬間は電圧や電流の瞬時値がゼロになります。照明やコンセントに来ている電気は、50［Hz］の場合、プラスとマイナスが1秒間に100回入れ替わるため、1秒間に100回ゼロになります。電流が0［A］になるということは、電気が1秒間に100回止まることになります。

最近はあまり見かけなくなってきた白熱電球は、フィラメントに電流を流して発熱させ、光を出しています。瞬時値がゼロになっている時間が短く、フィラメントが冷える前にまた電流が流れるため、点滅が気になることはあまりありません。

蛍光灯やLEDは、白熱電球に比べて電流の瞬時値がゼロになったときのちらつきを感じやすい光源です。そのため、高い周波数に変換して点滅を早くすることで、人間の目では気が付かないようにするなどの工夫がされています。

●電子は振動している

断面積が1［mm^2］の銅線に、交流の電流1［A］が流れているとき、電子は約0.1［mm/秒］という非常に遅いスピードで流れます。そして、交流50［Hz］の場合はプラスとマイナスが1秒間に100回入れ替わり、それに伴って電流の流れる方向も入れ替わるため、電子はあまり動かずに震えている状態と考えられます。

図 4-4-1　電流 100 A のグラフ

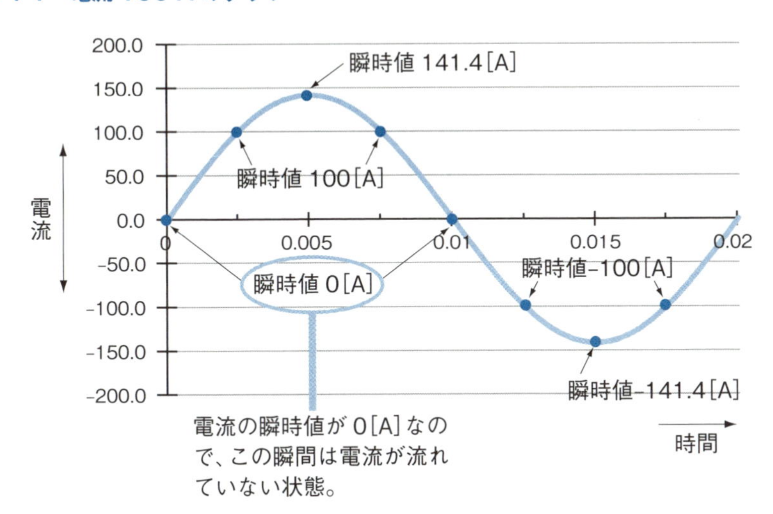

図 4-4-2　交流電圧の電子

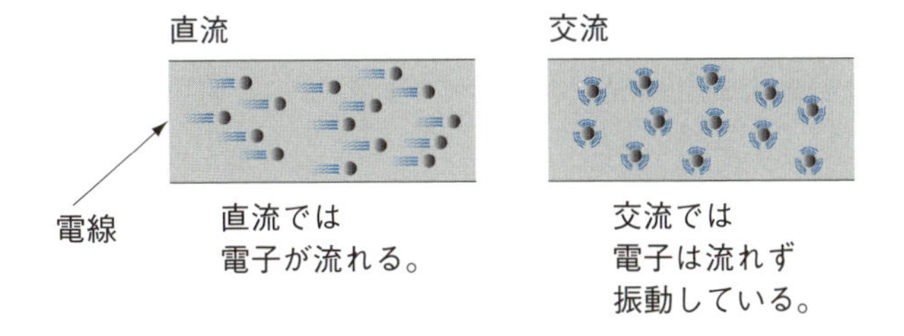

4-5 実効値

●交流の大きさ

直流と違い、時間とともに大きさや向きが変化する交流の電圧や電流の大きさは、どのように表せばよいのでしょうか。同じ値の電圧や電流は、直流でも交流でも等価になるようにした方が便利なので、交流の波を平均化してフラットにしたときに、直流と同じ値になれば等価ではないかと考えられます。

しかし、この考え方では、電圧と電流から電力を求めたとき、電力の値が同じであっても直流と交流でエネルギーの大きさに差が出てしまい、電球の場合、直流で使ったときと交流で使ったときで、明るさが異なるという不便な状態になります。そこで、同じ値の直流電力と交流電力が同じ仕事をするように、電圧と電流の大きさが考えられています。電圧がV［V］、電流がI［A］のとき、電力をP［W］は、

$$P = VI = I^2R = \frac{V^2}{R}$$

と表されます。Rは抵抗で一定の値のため、電力は電圧や電流の2乗に比例することになります。したがって、同じ値の直流電力と交流電力を等価にするためには、直流の電圧や電流と、交流の電圧や電流を2乗した値の平均値を等しくする必要があります。

●実効値とは

抵抗Rが100［Ω］の電球に、電圧Vが100［V］の直流電圧をかけて点灯させたとき、流れる電流I［A］はオームの法則より、

$$I = \frac{V}{R} = \frac{100}{100} = 1 \text{［A］}$$

になります。そして、電力P［W］は

$$P = VI = I^2R = 1^2 \times 100 = 100 \text{［W］}$$

になります。

同じ100［Ω］の電球をもう1つ用意し、交流電圧をかけて、直流100［W］の電球と同じ明るさになるように電圧を調整します。厳密にいえば、交流には波があるので明るさも周期的に変化しますが、明るさの平均が同じになるようにします。同じ明るさになったときの電力が100［W］となり、このときの交流電圧を100［V］、交流電流を1［A］とすることで、同じ値の直流電力と交流電力は、同じ仕事をすることになります。このように、直流の電圧、電流と等価な交流の電圧、電流の値を**実効値**といいます。交流の電圧や電流の値は通常、実効値で表します。

図4-5-1　実効値の考え方

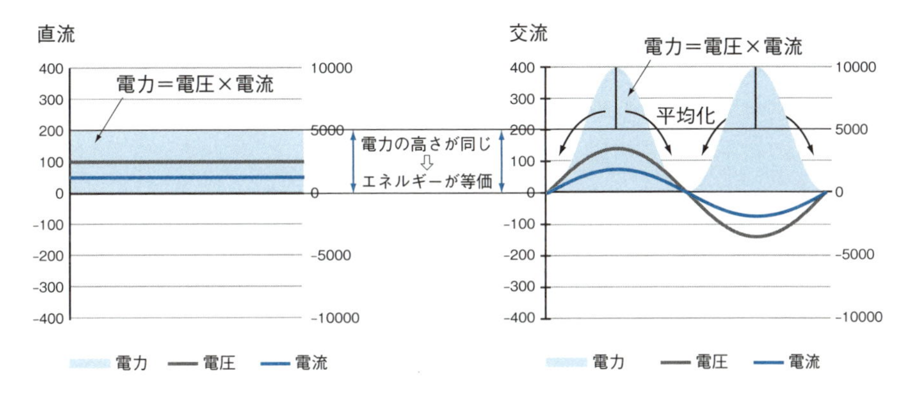

4-6 最大値と平均値

●最大値とは

正弦波交流の波形は、山と谷が並んでいます。山の頂上は瞬時値がプラスの最大の値となる点、谷の底は瞬時値がマイナスの最大の値となる点になります。このプラスとマイナスの最大の値を**最大値**といいます。最大値は、「正弦波交流の時計」で考えると秒針の長さにあたります。

正弦波交流電圧の場合、実効値を V_{rms}［V］とすると最大値 V_{max}［V］は

$$V_{max} = \sqrt{2}\,V_{rms}$$

となります。したがって、100［V］の交流電圧の場合、最大値は約 141［V］となります。

●平均値とは

交流の瞬時値の平均を**平均値**といいます。正弦波交流の場合、プラスになる山と、マイナスになる谷があり、山と谷の平均を取るとゼロになってしまうため、山の平均を平均値とします。

正弦波交流電圧の最大値を V_{max}［V］とすると、平均値 V_{ave}［V］は

$$V_{ave} = \frac{2}{\pi} V_{max}$$

となります。したがって、100［V］の交流電圧の場合、平均値は約 90［V］になります。

●矩形波の場合

正弦波交流は山と谷が曲線になりますが、四角形の山と谷が並んだ交流を**矩形波**といいます。矩形波は、周期的にプラスマイナスが入れ替わりますが、プラスの部分だけ見ると直流波形と同じ形になります。そのため、矩形波は実効値＝最大値となります。また、波形が直線でフラットなので、平均値＝最大値となります。したがって、矩形波は実効値＝最大値＝平均値となります。

図 4-6-1　最大値

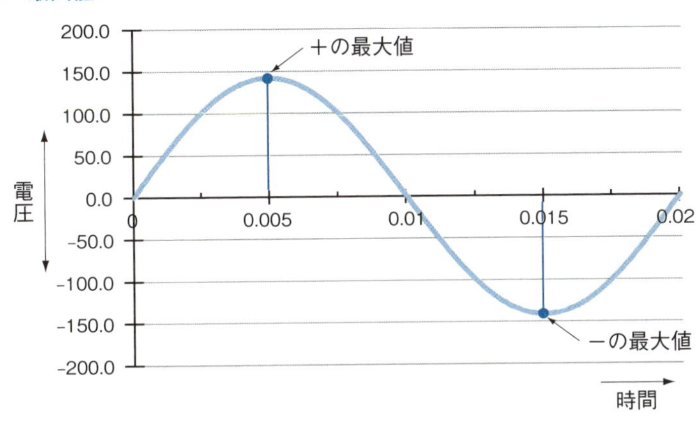

図 4-6-2　平均値

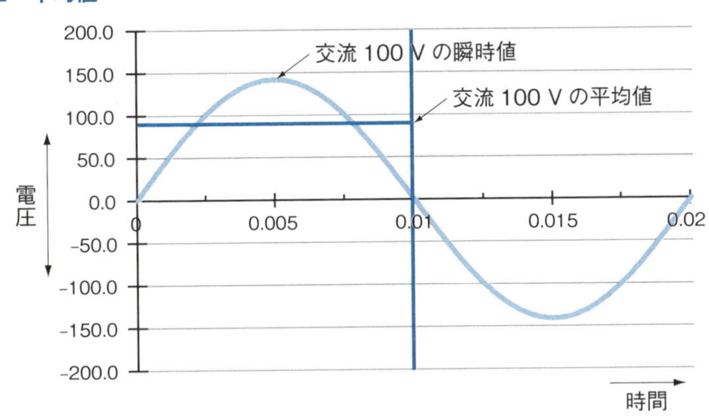

図 4-6-3　矩形波

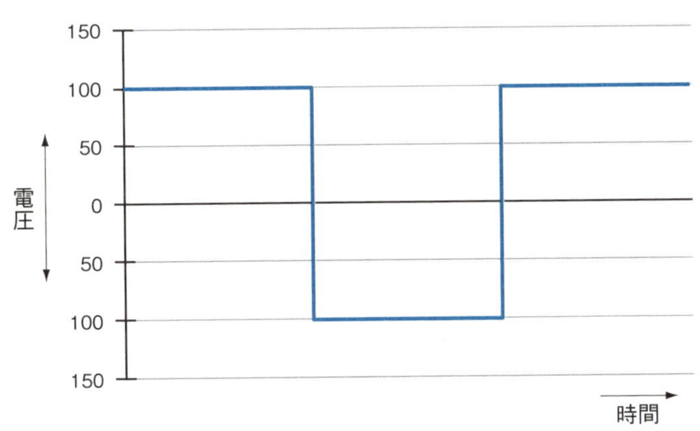

4-7 交流回路の抵抗、コンデンサ、コイル

●交流回路の抵抗

電気回路の抵抗は、「水の回路」のホースを踏んで細くなっている部分と考えました。この考え方は、直流回路でも交流回路でも同じです。

抵抗は、導体の原子が流れてくる電子の邪魔をすることにより、電流の流れを妨げる働きがありますが、この働きは直流でも交流でも同じように発生し、交流の場合も電圧、電流、抵抗の間にはオームの法則が成立します。そして、電気ヒーターの抵抗で考えると、同じ電力を消費していれば、直流でも交流でも同じ熱を発生します。

●交流回路のコンデンサ

コンデンサに直流電圧をかけると、直流電流が流れてコンデンサが充電されます。しばらくすると、コンデンサの電極が電荷で満たされて充電が完了し、電流が流れなくなります。

コンデンサに交流電圧をかけると、交流電流が流れます。交流は電圧の方向が周期的に入れ替わるため、直流と異なり充電と放電を交互にくり返すため、電流は流れ続けることになります。

●交流回路のコイル

コイルに直流電圧をかけると、直流電流が流れてコイルの周りに磁界をつくります。コイルは電流が変化しているときだけ磁界をつくる性質があるため、電圧をかけた瞬間から電流が一定の値になるまで磁界をつくり、電流が安定すると磁界はなくなります。

コイルに交流電圧をかけると、交流電流が流れてコイルの周りに磁界をつくります。交流は電圧の方向が周期的に入れ替わるため、直流と異なり電流が変化し続けることになります。したがって、コイルは磁界をつくり続けることになります。

図 4-7-1　直流・交流とオームの法則

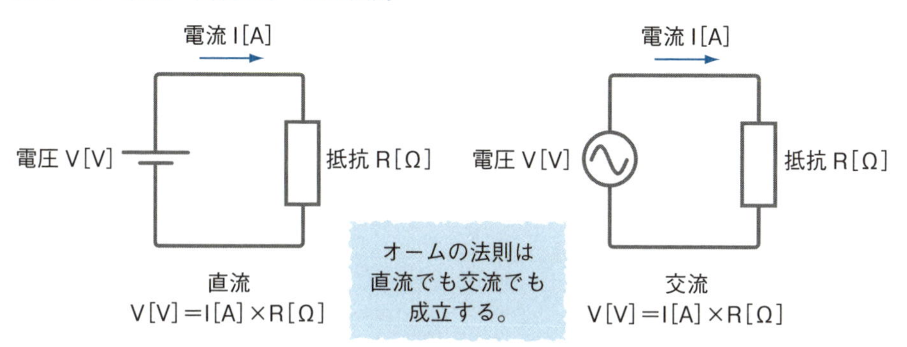

図 4-7-2　コンデンサに電圧をかける

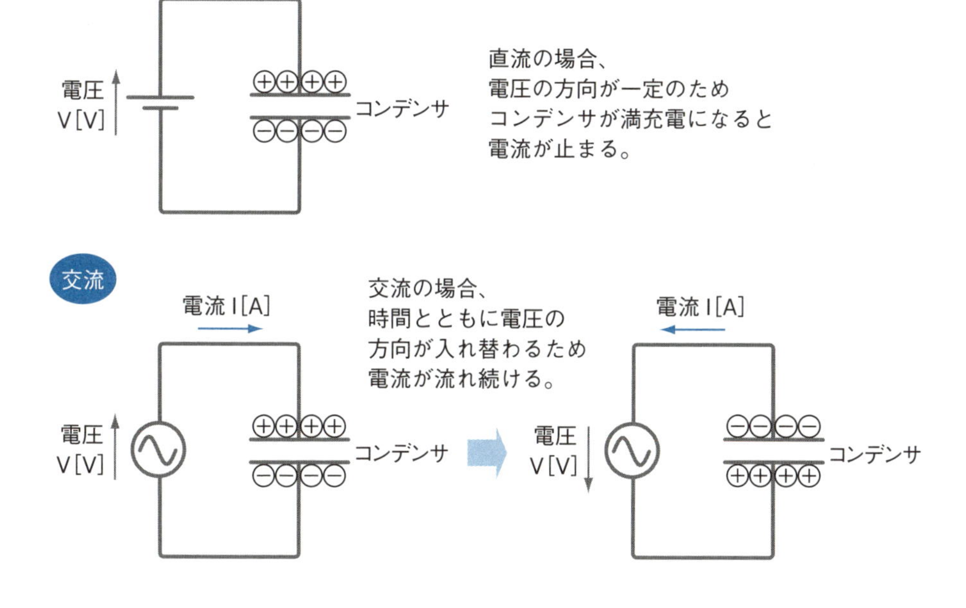

図 4-7-3　コイルに電圧をかける

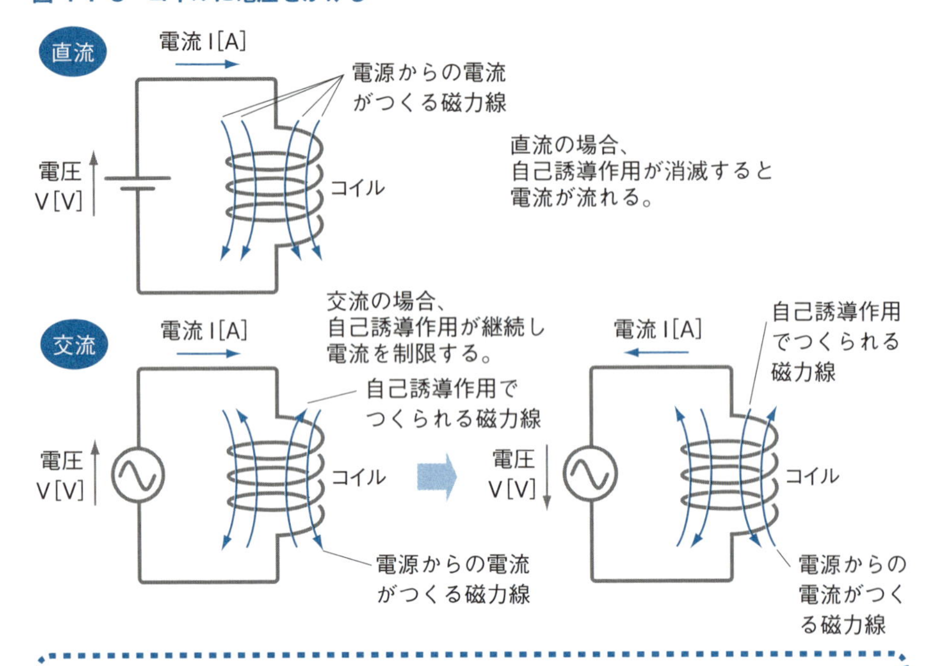

電気回路のトラブル④　感電

感電とは、人体に電流が流れて電気ショックを感じる現象です。大きく分けて２種類の感電があります。一つは電圧がかかっている２点に触れることにより、人体を介して２点間に電流が流れるものです。例えば、同時に２本の電線に触れることにより起こりますが、日常生活ではそのような状況は発生しづらいので、あまり多くは発生しません。

もう一つは、電圧がかかっている１点に触れることにより、人体を介して地球に電流が流れるものです。例えば、濡れた手でプラグをコンセントに差そうとして、プラグの刃から手、胴体、足を経由して地球に電流が流れることがあります。感電事故のほとんどは、人体を介して地球に電流が流れることによって起きています。

感電の影響の程度は、人体に流れる電流によって左右され、15 mA を超えると、人命にかかわる危険な状態になります。オームの法則より、電流は電圧に比例しますので、電圧が高い回路ほど感電時に流れる電流が大きくなります。

4-8 コンデンサ

●直流と交流におけるコンデンサの働きの違い

「水の回路」で考えるとコンデンサは２つの水風船にあたり、直流電源は水を移動するポンプにあたります。電子は電流の流れる方向とは反対向きに流れるので、電子にあたる水はプラス側の水風船からマイナス側の水風船に向かって流れます。

マイナス側の水風船が膨らんでくると、さらに膨らませるにはそれまでより強い力で水を送り込む必要がありますが、直流は水を送り込む力である電圧が一定で、方向も変わらないため、マイナス側の水風船がポンプの力に応じた限界の大きさまで膨らむと、それ以上膨らませることはできず、水が流れなくなります。

交流の場合、水を送り込む力の方向が周期的に入れ替わるため、それに合わせて水が２つの水風船を行き来することになります。したがって、コンデンサは直流の場合は電圧をかけた直後だけ電流が流れ、その後、電流はゼロになりますが、交流の場合は電流が流れ続けることになります。

●交流回路での動き

コンデンサは充電と放電ができます。コンデンサが放電状態であるときはもちろん、充電状態であっても、充電電圧より高い電圧をかければさらに充電されます。

コンデンサに交流電圧 100［V］をかけたときを考えてみます。交流電圧波形の山のスタート地点である、瞬時値が０［V］からプラス方向に上昇する瞬間にコンデンサを接続すると、コンデンサにかかる電圧が上昇するため、コンデンサの充電電圧も上昇します。交流電圧の瞬時値が最大値である141.4［V］に達すると、コンデンサは最大に充電された状態になり、電流がゼロになります。そして、交流電圧の瞬時値が下降し始めるため、コンデンサの充電電圧の方が高くなり、コンデンサは放電を始めます。交流電圧の瞬時値がゼロになると、コンデンサの放電は完了し、今度は交流電圧の瞬時値がマイナス方向に大きくなっていくため、コンデンサも今までと逆方向に充電が始まります。

このように、交流電圧の瞬時値がプラス方向またはマイナス方向に変化していくときはコンデンサは充電され、反対に交流電源の瞬時値がゼロに近づいていくときは、コンデンサは放電することになります。したがって、コンデンサに交流電圧をかけると、充電と放電が交互に継続して電流が流れることができます。

図 4-8-1　コンデンサの働き

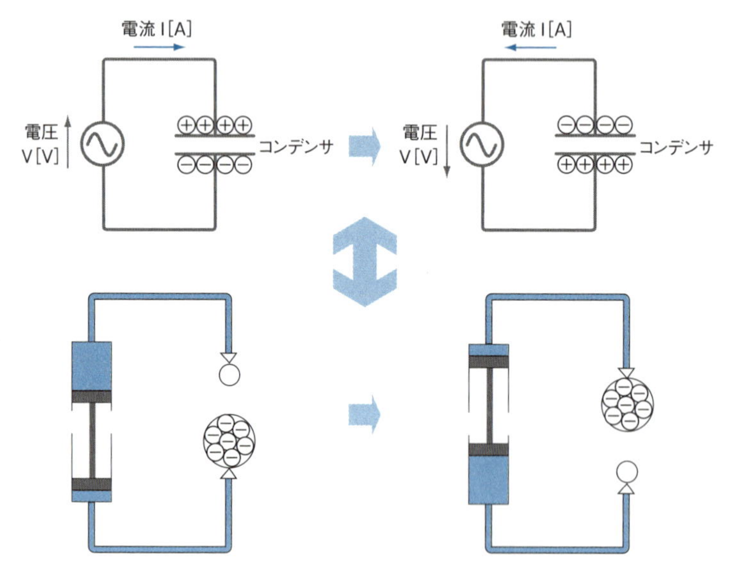

図 4-8-2　コンデンサの充電と放電

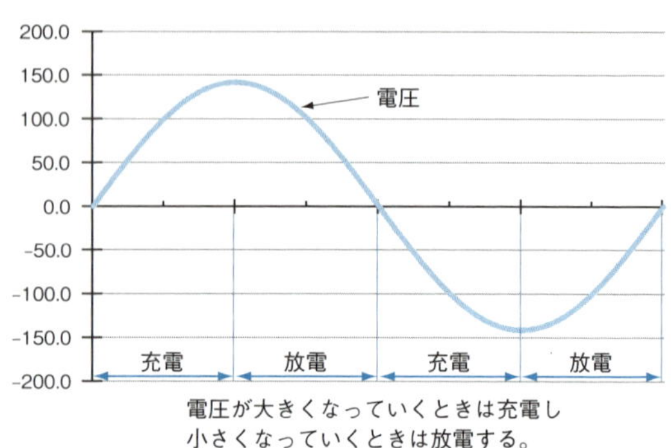

4-9 容量リアクタンス

●コンデンサのリアクタンス

コンデンサの電極にあたる２つの水風船は、一方の水風船がポンプで膨らませることができる限界まで膨らむと、それ以上水を送り込めないため、水の流れが止まることになります。水風船が小さいとすぐにパンパンに膨らむため、水は少ししか流れません。ところが、大きい水風船の場合、膨らませるには大量の水が必要になるため、たくさんの水が流れます。この水風船の大きさはコンデンサの電極の面積にあたり、コンデンサの電極の面積はそのコンデンサの静電容量に比例するため、静電容量が大きいほど、たくさんの電流が流れることになります。

このように、コンデンサの静電容量は流れる電流の大きさに影響するため、コンデンサにも抵抗のように流れる電流を制限する働きがあることになります。交流電流の流れを妨げる割合を**リアクタンス**といい、コンデンサのリアクタンスを**容量リアクタンス**といいます。単位は抵抗と同じオーム［Ω］を用います。

コンデンサの水風船の大きさはそのままで、ポンプを強力なものに変えると、水風船はさらに膨らむため、流れる水の量が増えることになります。ポンプの強さは、電気回路の電源電圧にあたるため、電圧が高いほど電流が増えることになります。この電圧、電流、リアクタンスの間には、電圧、電流、抵抗と同じようにオームの法則が成立します。

●容量リアクタンスと周波数の関係

コンデンサに交流電圧をかけた場合、「水の回路」で考えると、ピストン型のポンプに２つの水風船をつないだ状態と考えられます。ピストンの上下の動きが速い方がたくさんの水が流れます。ピストンの動きの速さは、電気回路で考えると周波数にあたるため、交流電圧の周波数が高くなると電流が増え、容量リアクタンスが小さくなったことになります。

これを数式で表すと、周波数がf［Hz］、静電容量がC［F］のとき、容量リアクタンスX_C［Ω］は、

$$X_C = \frac{1}{2\pi fC}$$

となります。

図 4-9-1　容量リアクタンスと電極面積、周波数の関係

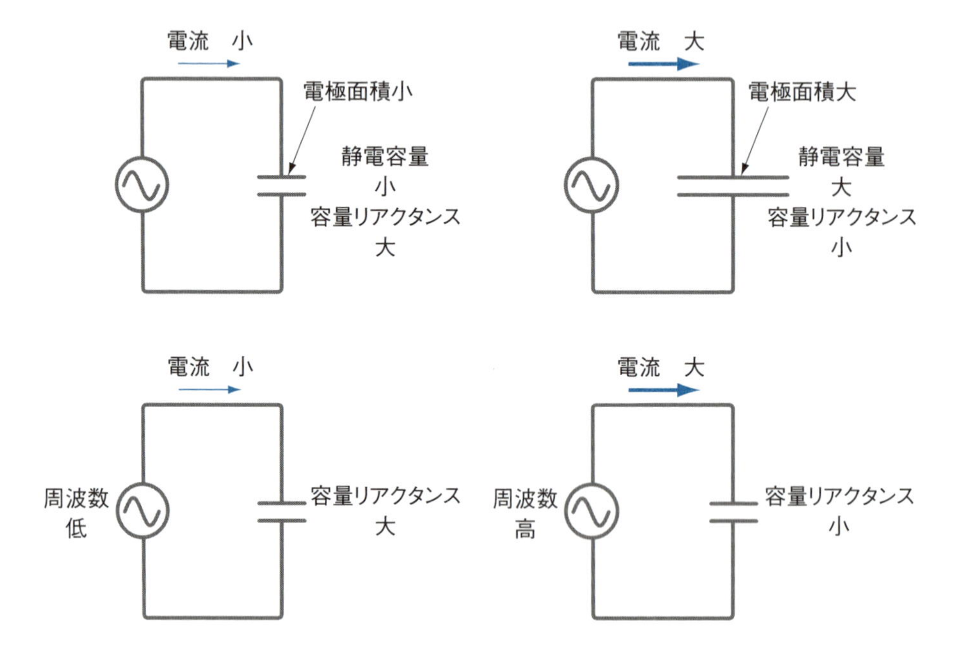

4-10 コイル

●直流回路のコイルと交流回路のコイルの違い

コイルに直流電圧をかけると、コイルに電流が流れ、コイルの周りに磁界をつくろうとします。すると、コイルに自己誘導作用が発生し、反対方向の誘導電流を流すため、誘導起電力が発生します。しばらくすると、電源の電圧が誘導起電力に打ち勝って電源から電流が流れるようになり、自己誘導作用はなくなります。

この自己誘導作用は､磁界の変化を妨げるように誘導起電力を発生します。直流の場合、電流が一定なので磁界も一定となるため、コイルに電流が流れ始めた瞬間と、電流が止まった瞬間に自己誘導作用が発生しますが、交流の場合は常に電流の瞬時値が変化しているため、自己誘導作用が継続することになります。自己誘導作用が継続すると、電源の電流の流れを妨げる働きが継続するため、コイルが抵抗のように働くことになります。

●交流回路での動き

コイルに交流電圧 100［V］をかけたときを考えてみます。交流電圧波形の山のスタート地点である、瞬時値が 0［V］からプラス方向に上昇する瞬間にコイルを接続すると、コイルは周りに磁界をつくろうとします。するとコイルに自己誘導作用が発生し､磁界を打ち消す方向に誘導電流を流すよう、誘導起電力を発生します。

交流電圧は波形が 0［V］を通過するときが一番大きく変化します。それに合わせて電流が流れ、コイルの周りに磁界をつくろうとしますが、自己誘導作用は磁界の変化が大きいほど強く作用するため、誘導電流は電源からの電流と反対方向の最大値になります。また、交流電圧波形の山の頂上や谷の底の部分は、電圧の変化が小さくなるので、磁界の変化も小さくなり、自己誘導作用が弱まります。その結果、誘導起電力も小さくなり、電流の瞬時値は 0［A］になります。このような働きが連続するため、コイルに流れる電流の位相は電圧より90°遅れることになります。

図 4-10-1　コイルの働き

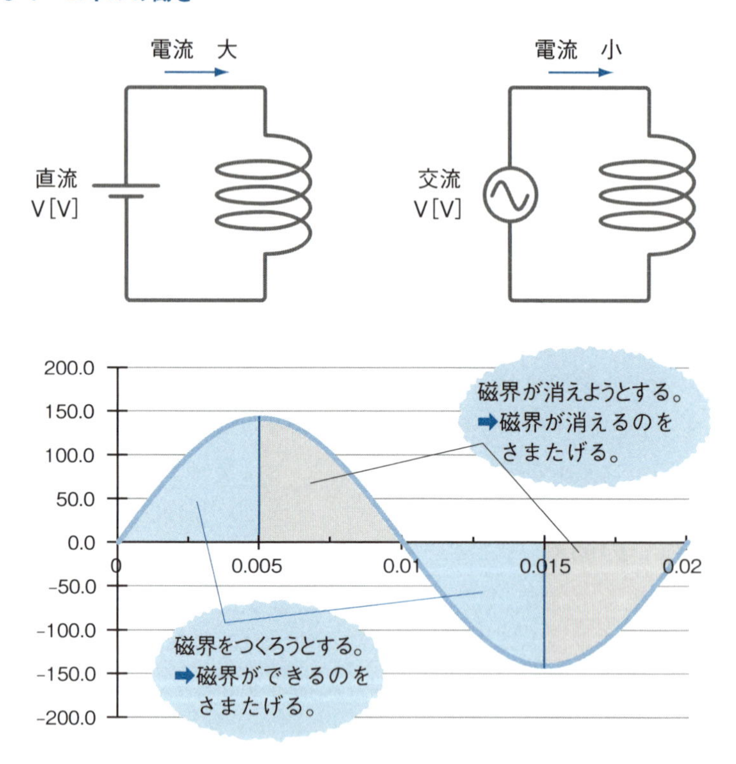

4-11 誘導リアクタンス

●コイルのリアクタンス

コイルの断面積を大きくしたり、巻数を増やしたりすると自己インダクタンスが大きくなり、自己インダクタンスが大きいほど、自己誘導作用が強くなります。自己誘導作用が強くなると、コイルに流れる電流の変化を妨げる作用が強くなるため、コイルに流れる電流を制限する働きが強まります。このように、コイルが交流電流の流れを妨げる割合を**誘導リアクタンス**といいます。単位は抵抗や容量リアクタンスと同じオーム［Ω］を用います。そして、電圧、電流、誘導リアクタンスの間にも、オームの法則が成立します。

●誘導リアクタンスと周波数の関係

磁界の変化が大きくなると、自己誘導作用による誘導起電力も大きくなります。磁界の変化は電流の変化に比例し、電流は電圧に比例するため、コイルにかかる電圧の変化を大きくすると、誘導起電力が大きくなって、電流が流れにくくなります。

ここでいう電圧の変化とは、簡単にいうと電圧の1秒間あたりの変化量です。1秒間あたりの変化量は周波数と深い関係があります。周波数が1［Hz］の場合、波形は山と谷が1つずつ並ぶことになります。そのため、電圧のプラスの最大値からマイナスの最大値まで変化するのにかかる時間は0.5秒間です。周波数が10［Hz］の場合、電圧のプラスの最大値からマイナスの最大値まで変化するのにかかる時間は、1［Hz］のときの10倍の0.05秒間になります。つまり、周波数が高くなると1秒間あたりの電圧の変化は大きくなり、電流が流れにくくなるため、誘導リアクタンスが大きくなったことになります。

これを数式で表すと、周波数が f［Hz］、インダクタンスが L［H］のとき、誘導リアクタンス X_L［Ω］は、

$$X_L = 2\pi fL$$

となります。

図 4-11-1　誘導リアクタンスと断面積、巻数、周波数の関係

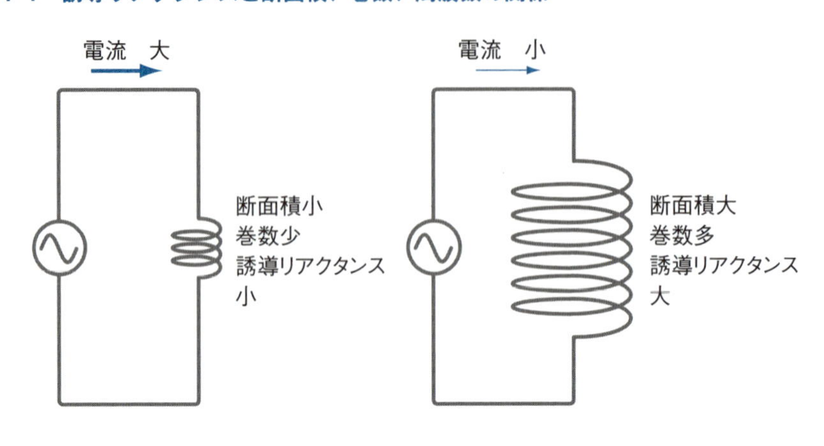

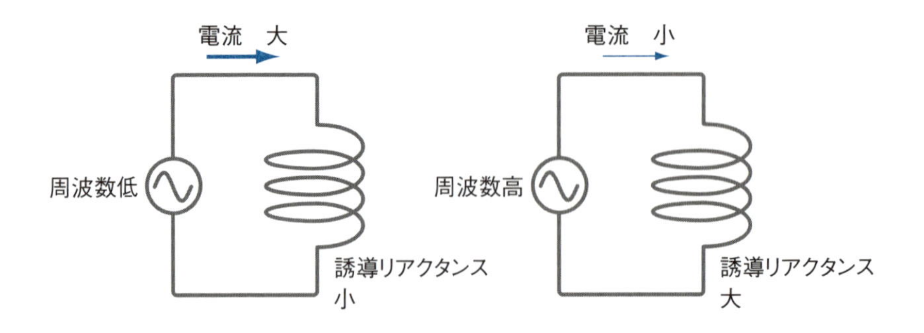

4-12 位相

●位相とは

周期的に変化する過程における特定のタイミングのことを**位相**といいます。交流回路では、電圧の波形と電流の波形の山と谷の位置が一致しないことがあり、このような状態を電圧と電流の位相がずれているといいます。

●位相がずれる原因

抵抗に交流電圧をかけたとき、抵抗にかかる電圧の波形と、抵抗に流れる電流の波形の位相がずれることはありません。したがって、電圧の波形と電流の波形はゼロや最大値になるタイミングが一致します。このように位相が一致している状態を**同相**といいます。

コンデンサやコイルは、電圧の瞬時値の変化量が大きいとき、電流の瞬時値が大きくなる性質があります。波形の傾きが急な部分は瞬時値の変化量が大きい部分になるため、正弦波交流の電圧波形では、山の頂上や谷の底は変化量が少なくなり、ゼロを通過するタイミングは変化量が大きくなります。したがって、コンデンサやコイルは、電圧の瞬時値がプラスまたはマイナスの最大値となるときは電流の瞬時値がゼロになり、電圧の瞬時値がゼロになるときは電流の瞬時値が最大となるため、電圧と電流の位相がずれます。

コンデンサに交流電圧をかけると、電圧の波形がマイナスからゼロを通過してプラスになるとき、電流の波形はプラスの最大値になり、電圧の波形がプラスからゼロを通過してマイナスになるとき、電流の波形はマイナスの最大値になります。

コイルに交流電圧をかけると、コンデンサとは反対の動きになり、電圧の波形がマイナスからゼロを通過してプラスになるとき、電流の波形はマイナスの最大値になり、電圧の波形がプラスからゼロを通過してマイナスになるとき、電流の波形はプラスの最大値になります。そして、コンデンサもコイルも電圧の波形がプラスまたはマイナスの最大値のとき、電流の波形はゼロになります。

図 4-12-1　電圧と電流の位相

抵抗

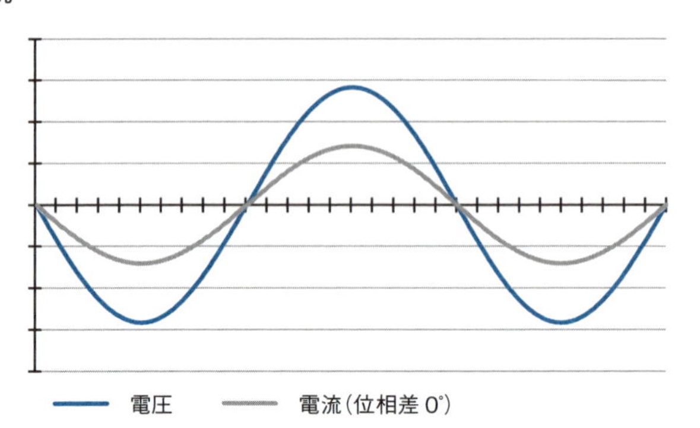

コンデンサ

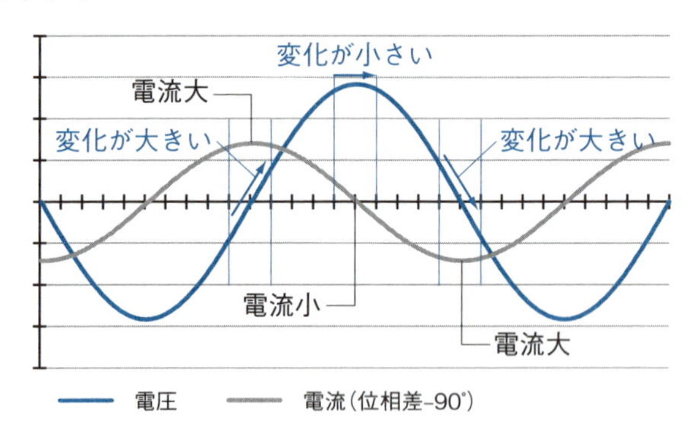

コイル

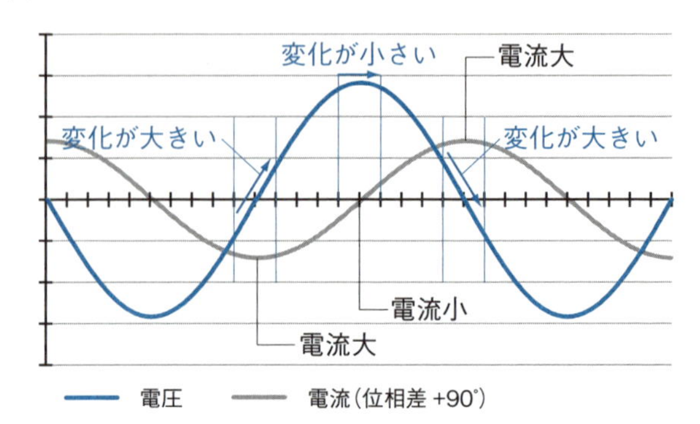

4-13 位相差

●位相差とは

コンデンサに交流電圧をかけたときの、電圧の波形と流れる電流の波形を比べてみます。電圧がマイナスから0を通過してプラスに転じるとき、電流はプラスの最大値である山の頂上にあたります。したがって、電圧の波形に対して電流の波形は、山の幅の半分だけ、左にずれていることになります。これを「正弦波交流の時計」で考えると、電圧の秒針が3時の位置にあるとき、電流の秒針が12時にあることになり、電圧の秒針と電流の秒針は90度ずれていることになります。

反対に、コイルに交流電圧をかけたときは、電圧が0を通過してマイナスからプラスに転じるとき、電流はマイナスの最大値である谷の底にあたります。したがって、電圧の波形に対して電流の波形は、山の幅の半分だけ、右にずれていることになります。これを「正弦波交流の時計」で考えると、電圧の秒針が3時の位置にあるとき、電流の秒針が6時にあることになり、電圧の秒針と電流の秒針は90度ずれていることになります。このように、位相のずれがあるとき、そのずれの大きさを**位相差**といいます。

●進みと遅れ

コンデンサやコイルに交流電圧をかけたとき、どちらも電圧の秒針と電流の秒針は90度ずれますが、電圧の秒針が3時にあるとき、電流の秒針はコンデンサの場合は12時に、コイルの場合は6時になります。「正弦波交流の時計」は左回りに回るため、コンデンサに流れる電流は電圧に対して進んでいるといい、コイルに流れる電流は電圧に対して遅れているといいます。

「正弦波交流の時計」を波形に置き換えて考えると、基準となる位相から左側が進み、右側が遅れとなります。通常は電圧の位相を基準と考えることが多いので、電圧の位相から見てどちら側にあるかで進みや遅れを判断します。

図 4-13-1　位相差

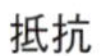

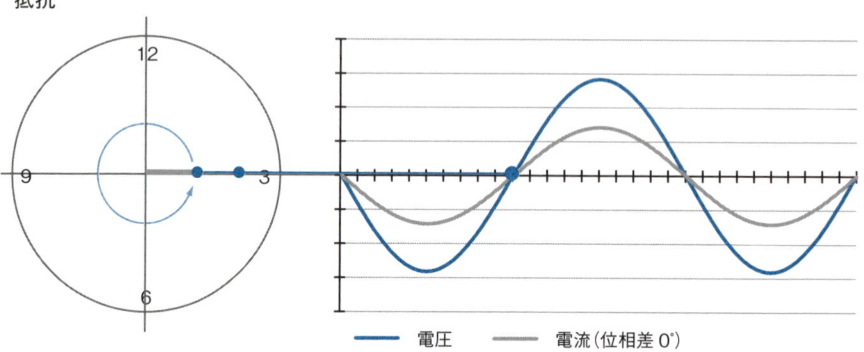

コンデンサ

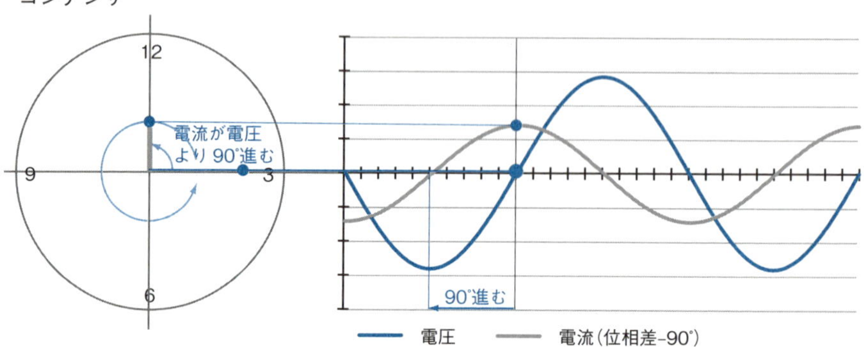

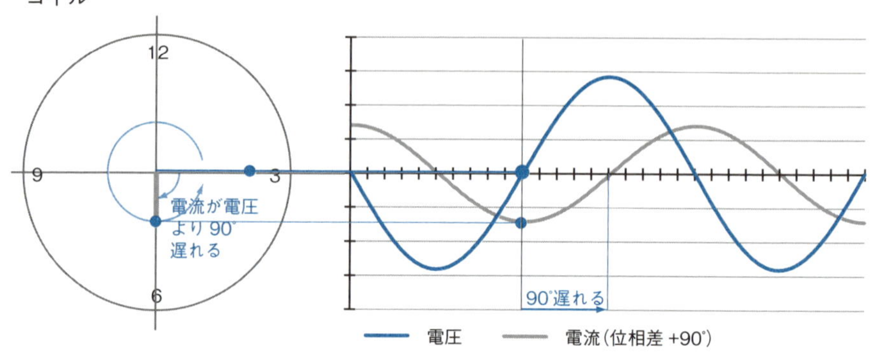

4-14 インピーダンス

●インピーダンスとは

コンデンサに直流電圧をかけると、最初だけ電流が流れ、コンデンサが電源電圧で完全に充電されると電流の流れは止まります。したがって、直流回路ではコンデンサは電流が流れないので∞［Ω］と考えられます。

コイルに直流電圧をかけると、最初は自己誘導作用で電流が流れませんが、その後、自己誘導作用がなくなり電流の大きさを制限しなくなります。したがって、直流回路ではコイルは電流がよく流れる0［Ω］と考えられます。

直流回路ではコンデンサは∞［Ω］、コイルは0［Ω］になると考えるため、回路にかかっている電圧と、その回路中にある抵抗によって電流の大きさが決まります。しかし、交流回路では抵抗だけではなく、コンデンサとコイルのリアクタンスが電流の大きさに影響してきます。交流回路で電流の流れを妨げる抵抗とリアクタンスをまとめたものを**インピーダンス**といい、単位に［Ω］を用います。

●インピーダンスを求めるには

インピーダンスは抵抗とリアクタンスをまとめたものですが、単純に抵抗とリアクタンスの和とはなりません。抵抗をR［Ω］、リアクタンスをX［Ω］とすると、インピーダンスZ［Ω］は

$$Z=\sqrt{R^2+X^2}$$

で求めることができます。

●オームの法則が成立する

抵抗やリアクタンスのように、電圧、電流、インピーダンスの間にもオームの法則が成立します。したがって、電流がI［A］、インピーダンスがZ［Ω］のとき、電圧V［V］は、

$$V = I \times Z$$

となります。

図 4-14-1　抵抗とリアクタンス

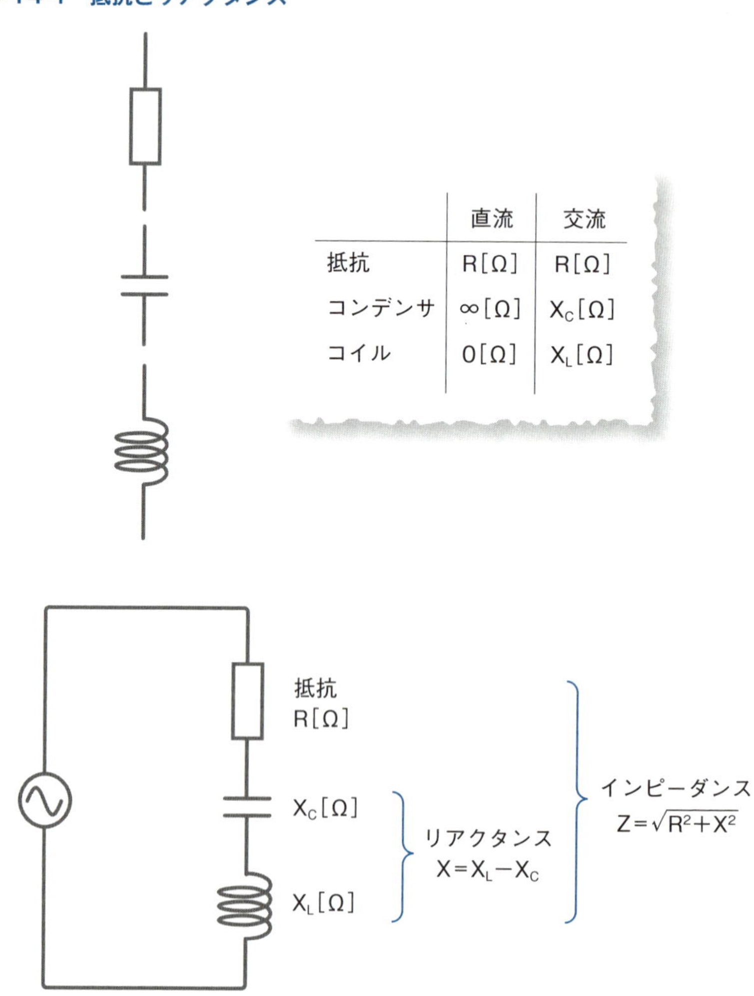

	直流	交流
抵抗	R[Ω]	R[Ω]
コンデンサ	∞[Ω]	X_C[Ω]
コイル	0[Ω]	X_L[Ω]

4-15 交流の電力

●コンデンサやコイルは電力を消費しない

抵抗は電流を流すと電力を消費しますが、コンデンサやコイルは、電流を流しても電力を消費しません。電源から供給された電力を、コンデンサは静電エネルギーに、コイルは磁気エネルギーに変換して蓄え、そのエネルギーを再度電力に変換して電源に戻すということを繰り返すため、電力が電源とコンデンサやコイルの間を行き来するだけで、電力は消費されません。

●3種類の電力

1つ目の電力は**皮相電力**といい、単位にボルトアンペア［VA］を用います。「皮相」は「みかけの」という意味があり、単純に電圧と電流の積で求めた電力です。したがって、電圧と電流が同じであれば、位相によらず皮相電力も同じになります。

2つ目の電力は**有効電力**といい、単位はワット［W］を用います。負荷が抵抗の場合、電圧と電流のグラフを見ると、電圧がプラスのときは電流もプラスに、電圧がマイナスのときは電流もマイナスになります。したがって、電圧と電流の積で皮相電力を求めると、どのタイミングでも常にプラスになります。電力は電源から負荷へ供給される方向をプラスと見るため、この電力は常に電源から負荷へ供給され消費されていることになります。有効電力は、このように負荷で消費される電力です。

3つ目の電力は**無効電力**といい、単位はバール［var］を用います。負荷がコンデンサやコイルの場合、電圧と電流の位相が90度ずれているため、電圧と電流の瞬時値の符号が一致しているときと一致しないときが半分ずつあります。皮相電力を求めると、符号が一致しているときはプラスに、一致していないときはマイナスになるため、電力は電源から負荷に供給されているときと、負荷から電源に戻されているときがあることになります。このように、無効電力は電源と負荷の間を往復して消費されない電力といえます。

図 4-15-1　抵抗、コンデンサ、コイルの電力

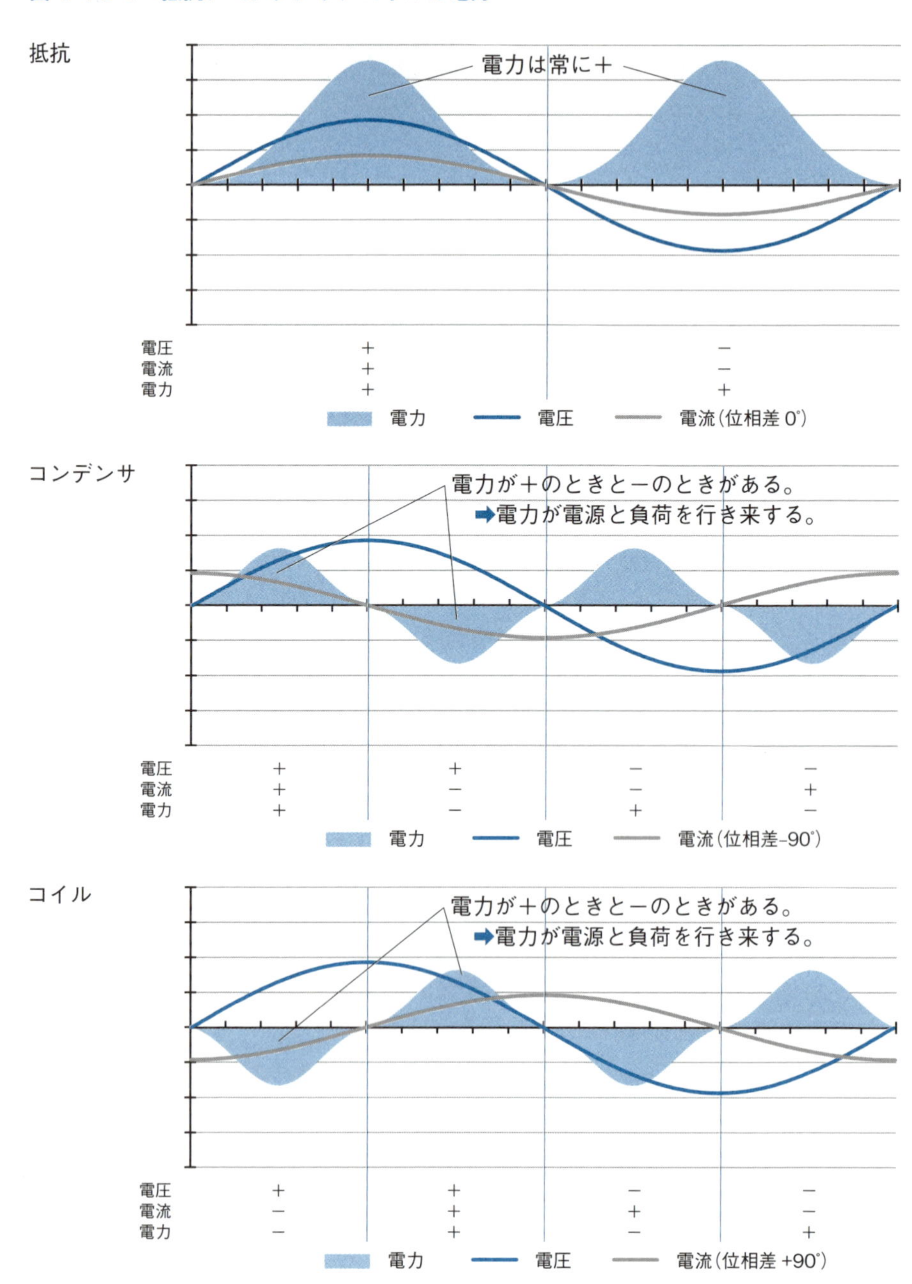

4-16 力率

●力率とは

皮相電力のうち、有効電力として負荷で消費される電力の割合を**力率**といいます。力率は0から1.0、または0から100%で表し、その値が高いほど有効電力の割合が大きくなります。

●力率の求め方

力率は、皮相電力に対する有効電力の割合なので、皮相電力がS［VA］、有効電力がP［W］のとき、力率λ［%］は、

$$\lambda = \frac{P}{S}$$

で求められます。また、電圧と電流の位相差がθ°のとき、力率λは、

$$\lambda = \cos\theta$$

となります。

負荷が抵抗のみの場合、電圧と電流の位相が一致しているため、「正弦波交流の時計」で考えると、電圧の針と電流の針が重なっている状態になります。この場合、位相差は0°になるため、

$$\cos\theta = \cos 0° = 1$$

となり、力率は100%になります。したがって、皮相電力すべてが有効電力として消費されていることになります。

負荷がコンデンサのみの場合、電圧の針が3時の位置のとき、電流の針は12時の位置になります。また、負荷がコイルのみの場合、電圧の針が3時の位置のとき、電流の針は6時の位置になります。このように、コンデンサやコイルの場合は位相差が90°になるため、

$$\cos\theta = \cos 90° = 0$$

となり、力率は0%になります。したがって、皮相電力すべてが消費されずに電源と負荷の間を行き来しているだけになります。

図 4-16-1　位相角と力率

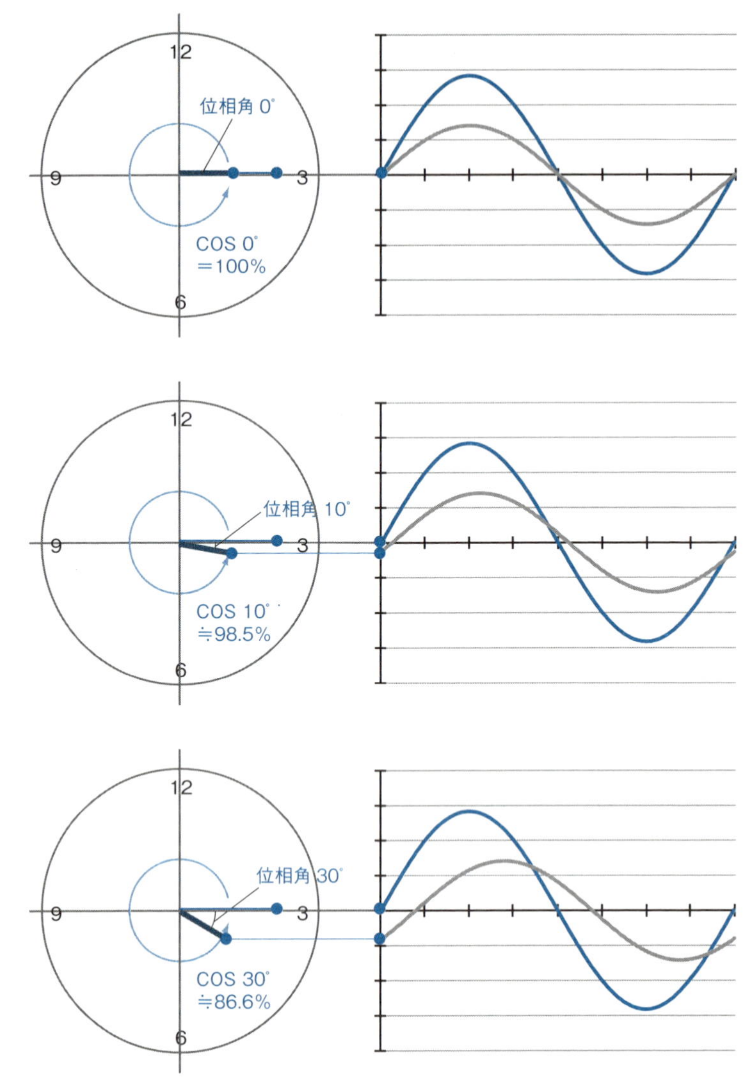

位相角が大きくなる➡力率が低くなる

4-17 力率改善

●力率改善とは

ビルや工場などの需要家に設置される受変電設備には、進相コンデンサが多く設置されています。**進相コンデンサ**は、需要家で使用される電力の力率を100%に近づけるために設置されます。これを**力率改善**といいます。

●力率改善する理由

需要家には、照明やコンセントの負荷の他にファン、ポンプ、エアコン、エレベーターなど、モーターを利用した負荷が設置されます。これらの負荷は、抵抗とコイルの働きがあるため、需要家には抵抗とコイルが複数並列につながっていると考えられます。

抵抗は有効電力を、コイルは遅れの無効電力を消費します。消費といっても、有効電力は負荷で光、熱、動力など他のエネルギーに変換されますが、無効電力は電力会社と負荷の間を行き来するだけのため、電力会社は有効電力量を計って電気代を請求しています。

しかし、同じ有効電力であっても、無効電力が大きくなると電力会社から需要家に流れる電流が大きくなり、送電損失が大きくなったり、需要家の受電電圧が下がったりするため、電力会社は送電線や変電所の機器などを増強しなければなりません。したがって、電力会社から見ると、できるだけ無効電力が少なくなった方がよいことになります。

●力率割引とは

電気料金には、**力率割引**という割引制度があります。力率割引は、1カ月間の力率が85%を上回ると基本料金を割り引きし、反対に85%を下回ると基本料金を割り増しするという制度です。この割り引きを受けるため、需要家に進相コンデンサを設置し、電力会社から供給される無効電力を減らして、力率が100%に近づくように調整されています。

図 4-17-1
負荷の働き

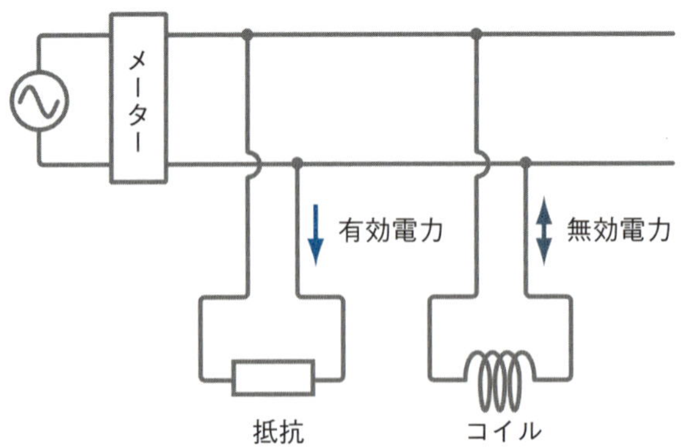

図 4-17-2
力率と送電損失
の関係

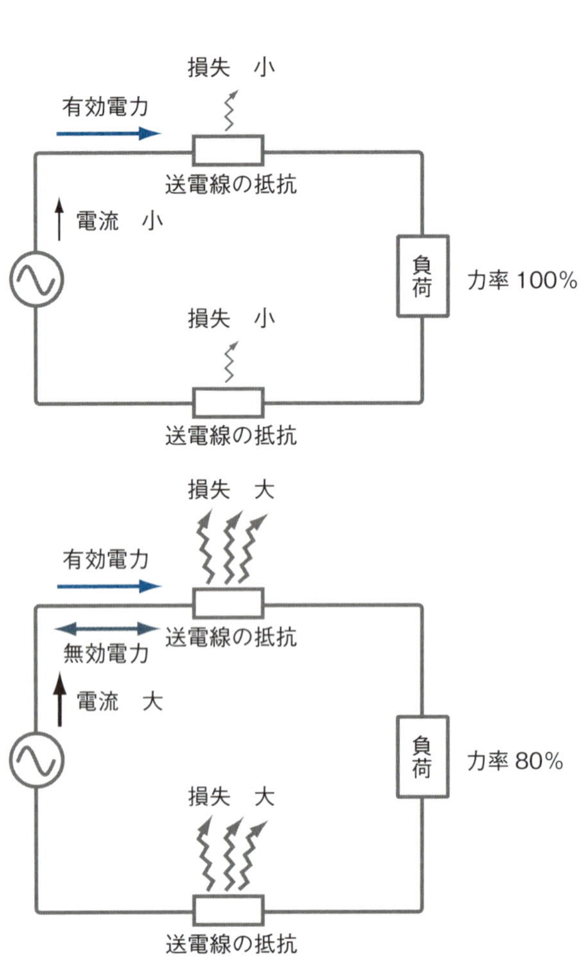

4-18 単相交流の配電方式

●単相とは

交流には単相と三相があります。**単相**とは1つの相という意味で、正弦波交流の波形を見ると、電圧の波形が1本になります。

●単相2線式

交流電力の配電方式で一番シンプルなのが**単相2線式**です。2線式とは、2本の電線で電力を送るという意味です。2本の電線は、**R相**と**N相**、または**T相**と**N相**といいます。コンセントは単相2線式の100［V］で電力を供給しているため、2つの穴には2本の電線が接続されています。

●単相3線式

単相3線式は、2組の単相2線式を組み合わせて、3本の電線で配電する方式です。2組の単相2線式の電線4本のうち、2本を1本にまとめて兼用し、3本の電線で電力を送ります。したがって、同じ電力を送る場合、2系統の単相2線式よりも1系統の単相3線式の方が電線を節約できます。

3本の電線は**R相**、**N相**、**T相**といいます。R相とT相の間には200［V］、R相とN相、T相とN相の間には100［V］がかかっているため、200［V］用の照明やエアコンなどはR相とT相から、100［V］用の照明やコンセントはR相とN相、またはT相とN相から電線を分岐して単相2線式として送ることができます。

単相3線式のN相のNはニュートラル（Neutral）という意味で、**中性線**とも呼ばれます。R相–N相の負荷とT相–N相の負荷が同じ電流値で同じ位相の場合、N相には電流が流れないという特性があります。電流が流れなければ、中性線の電線の抵抗による損失も発生しないため、効率よく電力を送ることができます。したがって、R相–N相の負荷とT相–N相の負荷容量ができるだけ同じになるように負荷を接続します。

図 4-18-1　様々な配電方式

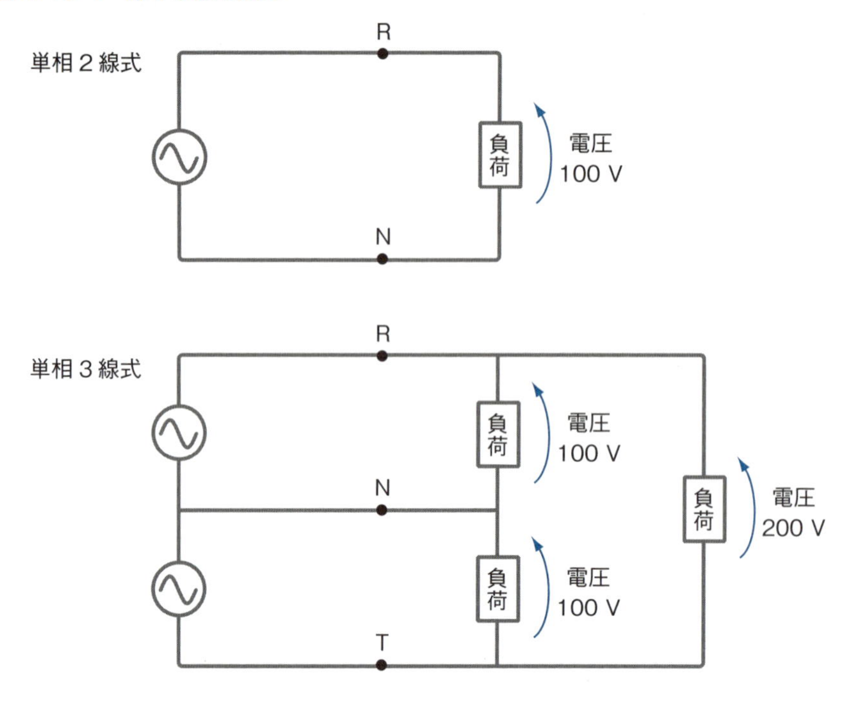

図 4-18-2　単相３線式の N 相電流

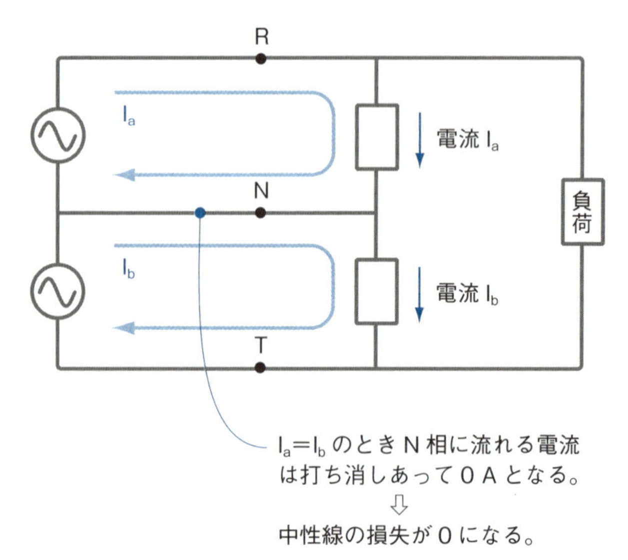

4-19 三相交流の配電方式

●三相とは

三相とは、3つの相という意味で、正弦波交流の波形を見ると、電圧の波形が3本になります。そして、3本の交流電圧は位相が120°ずつずれています。

●三相4線式

最近の電気設備では、三相4線式はあまり使われなくなってきていますが、三相交流を理解するのに役立ちますので、特徴を見てみましょう。

3組の単相2線式の電線6本のうち、3本のN相を1本で兼用し、4本の電線で電力を送る方式を**三相4線式**といいます。4本の電線は**R相**、**S相**、**T相**、**N相**といいます。三相4線式400［V］の場合、R相とN相、S相とN相、T相とN相の間には240［V］の電圧がかかっています。このN相に対する各相の電圧を**相電圧**といいます。

R相とS相、S相とT相、T相とR相の間にかかる電圧を**線間電圧**といいます。各相の相電圧が240［V］なので、線間電圧は2倍の480［V］となりそうに見えますが、実際は400［V］かかっています。これは各相の位相がずれているためで、線間電圧は単純に相電圧の和とはならず、相電圧の$\sqrt{3}$倍になります。

●三相3線式

三相4線式のN相の電線を省略し、R相、S相、T相の3本の電線で電力を送る方式を**三相3線式**といいます。

三相3線式は、低圧では400［V］や200［V］で使用され、400［V］の場合、R相とS相、S相とT相、T相とR相の間にはいずれも400［V］がかかっています。大型のモーターなどは、三相3線式が用いられます。また、電柱に張られた電線では、高圧の三相3線式6600［V］が送られています。

図 4-19-1　三相交流

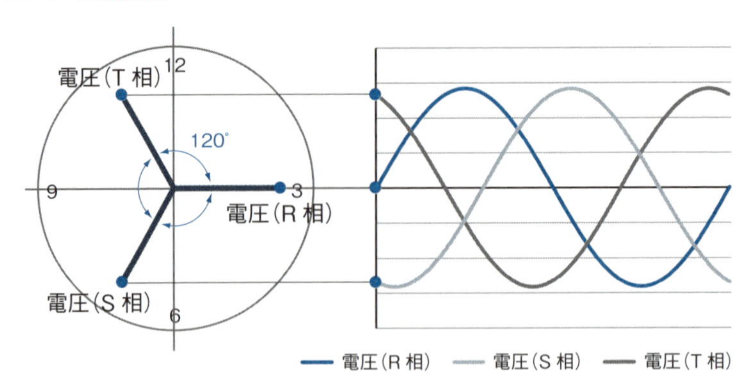

図 4-19-2　三相交流の考え方

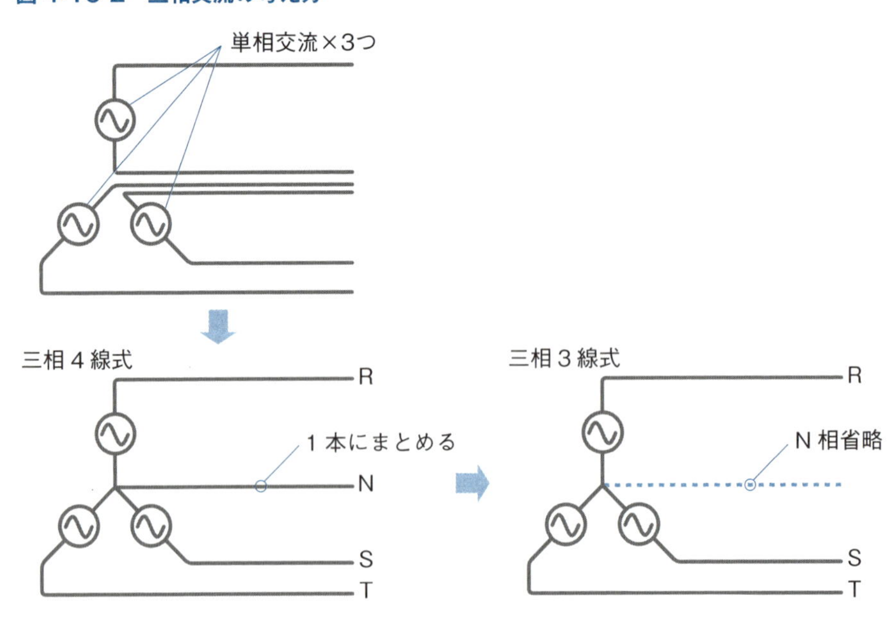

4-20 三相の特徴

●三相の結線方式

三相４線式は、３つの単相２線式のＮ相を接続して１本にまとめるため、アルファベットのＹの字型になります。このような接続を**スター結線**といいます。

三相３線式は、２つの結線方式があります。１つは**スター結線**、もう１つは３つの単相２線式を三角形に接続する方式で、**デルタ結線**といいます。

●回転磁界

三相３線式の電源に、コイルＡ、コイルＢ、コイルＣをスター結線にして接続したときを考えてみます。三相交流は、Ｒ相、Ｓ相、Ｔ相の電圧の位相が120°ずつずれているため、各相に流れる電流も位相が120°ずつずれます。コイルは、電流が流れるとまわりに磁界をつくりますが、３つのコイルに流れる電流の位相がずれているため、磁界ができるタイミングがずれることになります。したがって、コイルＡ→コイルＢ→コイルＣの順に磁界をつくることができます。この３つのコイルを120°ずつずらして配置すると、その中央部分には回転する磁界ができます。これを**回転磁界**といいます。

●なぜ三相交流が利用されるのか

三相交流の長所は、回転磁界をつくり出せることにあります。回転磁界は電気エネルギーを運動エネルギーに変換させることができます。モーターは回転軸に磁石を取り付け、その回転軸を取り囲むようにコイルを配置して作られており三相交流の電源に接続すると、３つのコイルに回転磁界が発生し回転軸の磁石に磁力が作用して回転軸が回転します。

また、発電機はモーターと同じ構造で、回転軸をタービンやエンジンなど外部からの力で回転させて発電するため、発電した電気は自然に三相交流になっているので、三相交流は発電することが容易というのも長所です。そのため、電力会社は三相交流を発電して送電しています。

図 4-20-1　三相の結線方式

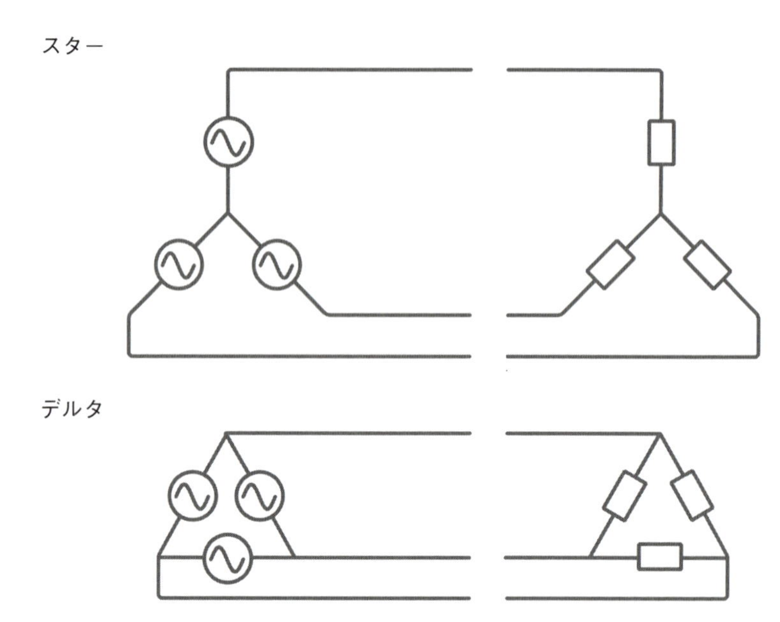

図 4-20-2　三相の回転磁界

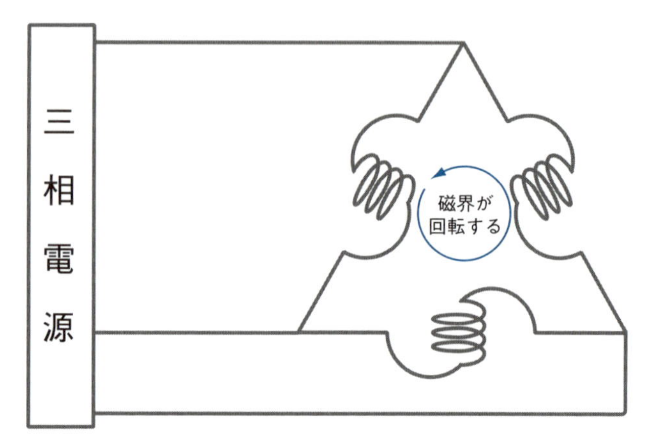

第5章

複素数入門

交流回路の解析には、複素数が役立ちます。一見とっつきにくい複素数ですが、実際に交流回路でどのように活用できるのかを見てみましょう。

5-1 複素数とは

●複素数とは

複素数とは、a+jb の形で表される数の一種で、a と b には−2、−1、0、1、2 などの整数、0.1、0.2、−0.1、−0.2 などの小数、その他 0、$\sqrt{2}$、$\sqrt{3}$ などの実数が入ります。

j は**虚数単位**といいます。数学では虚数単位は i とすることが多いですが、i は電流と混同しやすいため、電気の世界では j を用います。2 乗するとマイナスの値になる数のことを**虚数**といい、j^2 は−1 と定義されています。

この複素数は、交流回路を解析する上で非常に役に立ちます。その使い方について、見ていきましょう。

●複素数と複素平面

複素数にはなぜ虚数が必要なのでしょうか。それを理解するために、複素数で頻繁に使用される複素平面で考えてみます。

複素平面とは、複素数を図で表すための平面です。横軸を実数軸、縦軸を虚数軸としますので、a+jb の a は横軸が、jb は縦軸が対応しています。実数軸と虚数軸の交点を**原点**といい、原点は 0+j0 とします。

複素平面で 1 を表すと、原点から右方向に 1 マス分の線となります。この 1 に j を繰り返しかけると

$$1\times j = j \rightarrow j\times j = j^2 = -1 \rightarrow -1\times j = -j \rightarrow -j\times j = -j^2 = 1$$

となり、求められた答を複素平面で表すと、原点から右方向に 1 マスの線が、j をかけるたびに 0 を中心に 90° 左回転することがわかります。

反対に、1 を j で繰り返し割ると

$$\frac{1}{j}=\frac{1\times j}{j\times j}=\frac{j}{-1}=-j \quad \rightarrow \quad \frac{-j}{j}=-1$$

$$\rightarrow \quad \frac{-1}{j}=\frac{-1\times j}{j\times j}=\frac{-j}{-1}=j \quad \rightarrow \quad \frac{j}{j}=1$$

となり、j で割るたびに 0 を中心に 90° 右回転します。交流回路では、コンデンサやコイルに電圧をかけると、流れる電流の位相が進んだり遅れたりしますが、j が持つ 90° 回転させるという働きが交流回路の解析に役立ちます。

図 5-1-1　複素数

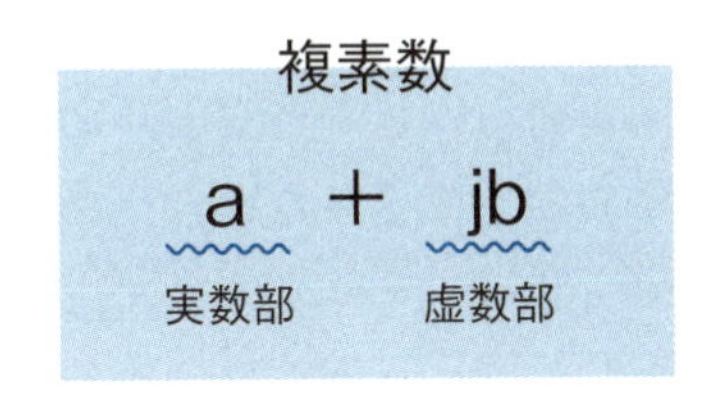

図 5-1-2　j の働き

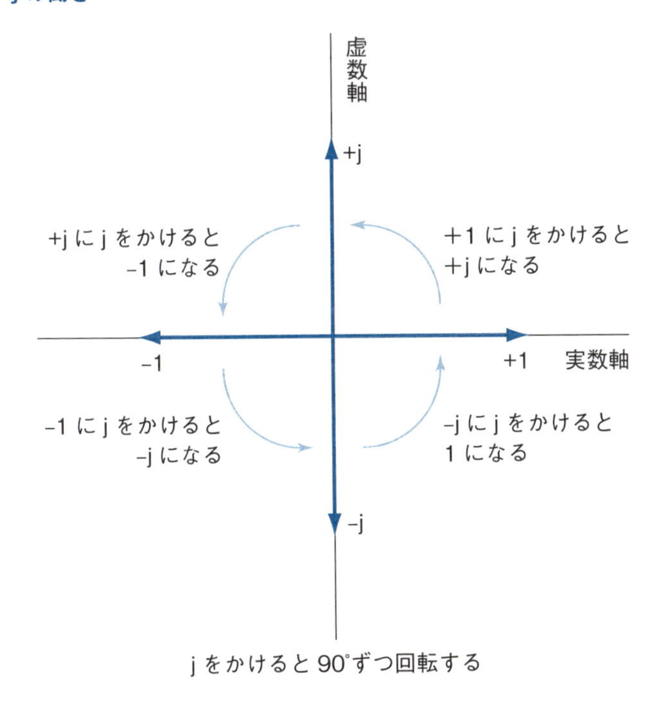

5-2 複素数とベクトル

●ベクトルとは

温度、面積、重さ、個数など、大きさの量を**スカラー**といい、力、速度、運動量など、大きさと方向を持った量を**ベクトル**といいます。複素数は複素平面で大きさと方向を表すことができるため、ベクトルとして扱います。

ベクトルを平面図で表すときは、矢印がついた直線で表します。直線の長さはベクトルの大きさを表し、長いほどベクトルの大きさが大きいことになります。また、矢印はベクトルの方向を表します。矢印が始まる点を**始点**といい、矢印の先端の点を**終点**といいます。平面図上の点Aを始点、点Bを終点としたベクトルは $\overrightarrow{AB}$ と表します。

電気の世界では、ベクトルは任意のアルファベットの上にベクトルであることを表すドットという点を打って、$\dot{X}$ のように表します。したがって、$\overrightarrow{AB}$ も $\dot{X}$ のように表します。

●複素数とベクトル

複素数 $a+jb$ は、平面図上で表すと、始点が原点、終点が原点から右にaマス、上にbマス進んだ点となるベクトルになります。このように、複素数は複素平面図にベクトルとして表すことができます。

コイルに100［V］の電圧をかけ、50［A］流れたときのベクトルの関係を考えてみます。複数のベクトルを考える場合、基準となるベクトルはどれにするか決める必要があります。通常は電圧のベクトルを基準とし、基準となるベクトルは、複素平面の0°の位置に書きます。電圧のベクトルを $\dot{V}$ とすると、複素数では $\dot{V}=100+j0$ と表し、複素平面では原点から右方向に100目盛の線となります。

コイルに流れる電流は電圧より90°遅れるので、$\dot{V}$ から90°遅れた位置となります。コイルに流れる電流を $\dot{I}$ とすると、複素数では $\dot{I}=-j50$ と表し、複素平面では原点から下方向に50目盛のベクトルになります。

図 5-2-1　大きさと方向

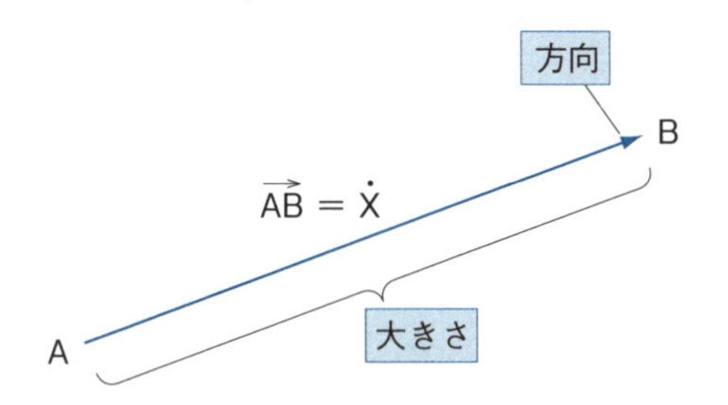

大きさと方向 ➡ ベクトル

図 5-2-2　複素数とベクトル

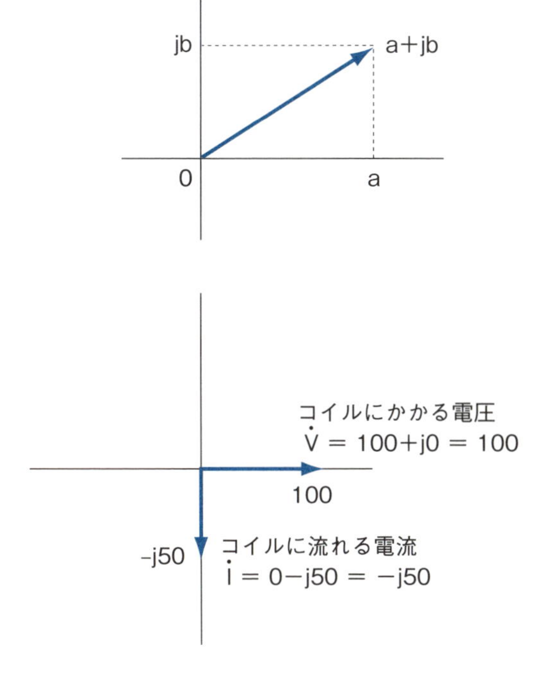

5-3 複素数の合成

●複素数の和と差

2つの複素数 $\dot{X}=a+jb$、$\dot{Y}=c+jd$ の和 $\dot{X}+\dot{Y}$ を求める場合は2つの方法があります。1つ目は複素平面図で求める方法です。平面図上では、$\dot{Y}$ を平行移動させて、$\dot{X}$ の終点に $\dot{Y}$ の始点をつなげると、$\dot{X}$ の始点から $\dot{Y}$ の終点までが $\dot{X}+\dot{Y}$ のベクトルとなります。

2つ目は計算で求める方法です。2つの複素数の和を求めるときは、実数部どうし、虚数部どうしを足す必要があります。したがって、

$$\dot{X}+\dot{Y}=a+jb+c+jd=(a+c)+j(b+d)$$

となります。

2つの複素数 $\dot{X}=a+jb$、$\dot{Y}=c+jd$ の差 $\dot{X}-\dot{Y}$ も、複素平面図または計算で求めることができます。

複素平面図で求める場合は、$\dot{X}-\dot{Y}$ を $\dot{X}+(-\dot{Y})$ として考えます。$\dot{Y}$ のベクトルの矢印を反対方向にすると $-\dot{Y}$ になるので、$\dot{X}$ の終点に $-\dot{Y}$ の始点をつなげると、$\dot{X}$ の始点から $-\dot{Y}$ の終点までが $\dot{X}-\dot{Y}$ のベクトルとなります。

計算で求める場合は、下式のようになります。

$$\dot{X}-\dot{Y}=a+jb-(c+jd)=a+jb-c-jd=(a-c)+j(b-d)$$

●複素数の積と商

2つの複素数 $\dot{X}=a+jb$、$\dot{Y}=c+jd$ の積 $\dot{X}\times\dot{Y}$ や商 $\dot{X}\div\dot{Y}$ を求める場合は、下式のように求めます。

$$\begin{aligned}\dot{X}\times\dot{Y}&=(a+jb)\times(c+jd)=ac+jad+jbc-bd\\&=ac-bd+j(ad+bc)\end{aligned}$$

$$\begin{aligned}\dot{X}\div\dot{Y}&=\frac{\dot{X}}{\dot{Y}}=\frac{a+jb}{c+jd}=\frac{(a+jb)(c-jd)}{(c+jd)(c-jd)}\\&=\frac{ac-jad+jbc+bd}{c^2+d^2}=\frac{ac+bd+j(bc-ad)}{c^2+d^2}\end{aligned}$$

複素数の分数は、分母からjをなくすことが重要で、この場合、$(A+B)(A-B)=A^2-B^2$の公式を利用して、分母の$c+jd$に$c-jd$をかけることにより、jを2乗し−1にして分母からjを消しています。$c+jd$に対する$c-jd$のように、虚数の符号だけ異なる複素数を**共役複素数**といいます。

図 5-3-1　複素数の和と差

①複素平面図で求める場合

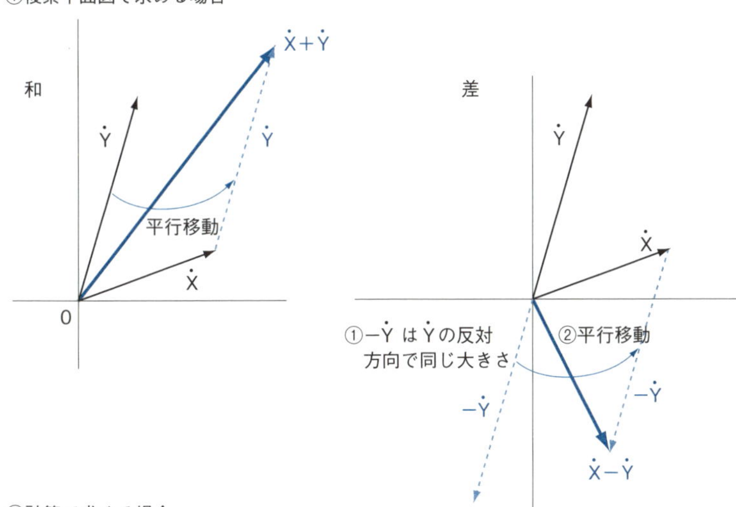

②計算で求める場合

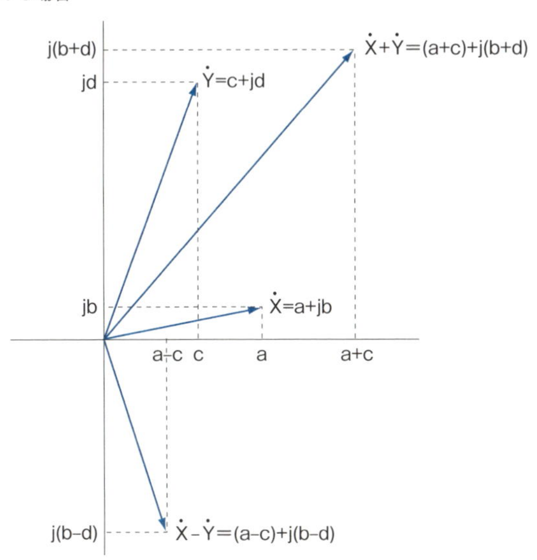

5・複素数入門

5-4 三角関数

●三角関数とは

三角形の3つの角の角度の合計は180°になります。そして、三角形は3つの角の角度が決まると3つの辺の長さの比も決まります。三角定規の1つは3つの角が90°、60°、30°の直角三角形で、3辺の比が必ず$1:2:\sqrt{3}$になります。もう1つは3つの角が90°、45°、45°で、3辺の比が$1:1:\sqrt{2}$になります。この3辺の比は、直角三角形の大きさが変化しても、角度を変えなければ必ず同じ比率になります。この特性を利用して、直角三角形の1つの角に対する2つの辺の長さの比を表したものが**三角関数**です。

●三角関数の種類

直角三角形は底辺、斜辺、対辺の3つの辺からなります。斜辺は直角の角に向かい合う位置にある辺になります。底辺と対辺は、直角以外の2つの角のうち、どちらの角の三角関数を考えるかによって変わります。

例えば、90°、60°、30°の直角三角形の60°の角の三角関数を考える場合は、60°の角に接する辺が底辺と斜辺になり、残りの60°の角に向かい合う位置にある辺が対辺となります。

角度がθ°の角の三角関数は次の式で求められます。

$$\sin\theta=\frac{\text{対辺の長さ}}{\text{斜辺の長さ}}$$

$$\cos\theta=\frac{\text{底辺の長さ}}{\text{斜辺の長さ}}$$

$$\tan\theta=\frac{\text{対辺の長さ}}{\text{底辺の長さ}}$$

したがって、60°の三角関数を求めると次のようになります。

$$\sin 60^\circ=\frac{\text{対辺の長さ}}{\text{斜辺の長さ}}=\frac{\sqrt{3}}{2}$$

$$\cos 60° = \frac{底辺の長さ}{斜辺の長さ} = \frac{1}{2}$$

$$\tan 60° = \frac{対辺の長さ}{底辺の長さ} = \frac{\sqrt{3}}{1} = \sqrt{3}$$

図 5-4-1　3つの角の角度の合計は 180°になる

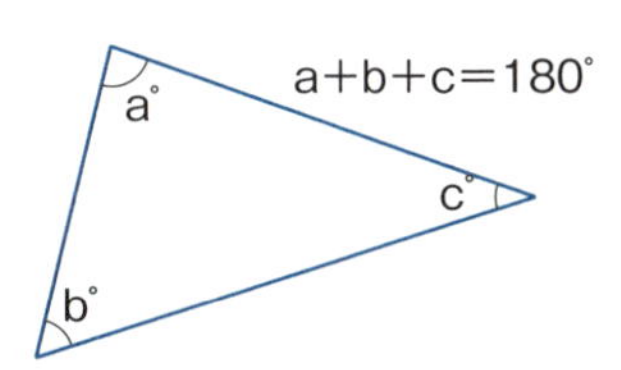

図 5-4-2　三角定規

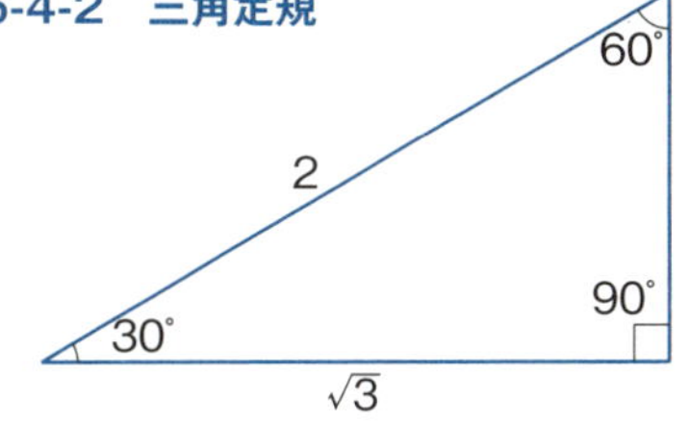

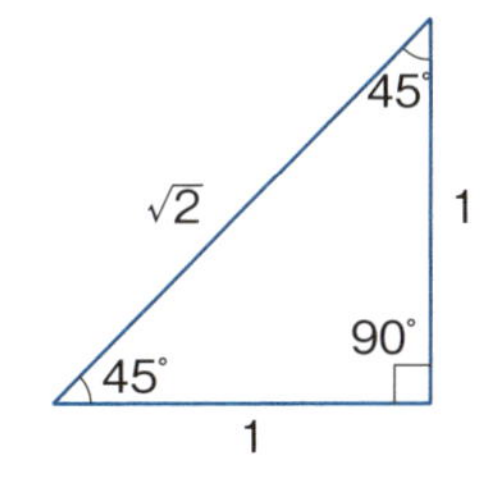

図 5-4-3　辺の名称

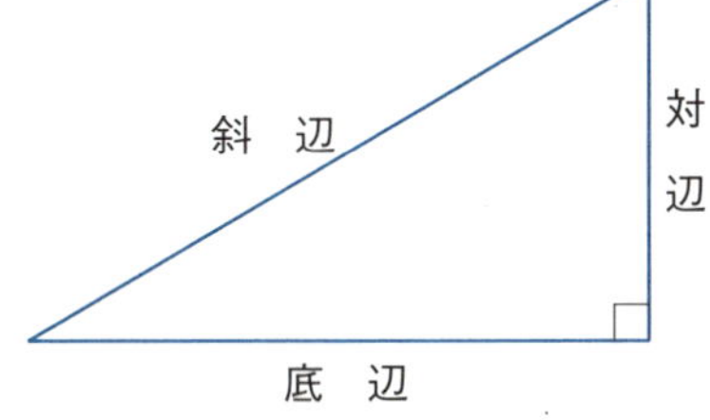

図 5-4-4　三角関数の求め方

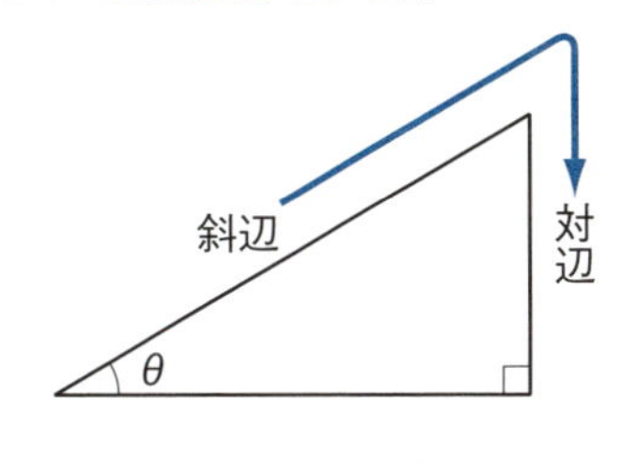

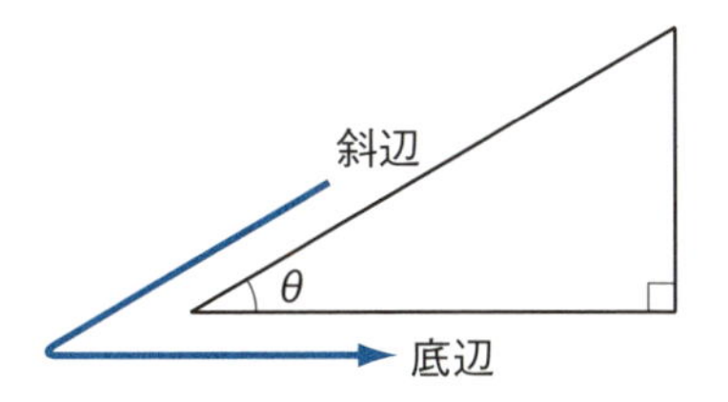

s：筆記体の s ➡ sin　　　　c ➡ cos

$$\sin\theta = \frac{対辺}{斜辺}$$　　　$$\cos\theta = \frac{底辺}{斜辺}$$

5-5 単位円

●単位円とは

単位円は、縦軸と横軸を書き、縦軸と横軸の交点である原点を中心に円を書いたものです。「正弦波交流の時計」と同様に1周を360°と考え、3時が0°、12時が90°、9時が180°、6時が270°になります。ただし、単位円の半径の長さは1であるという点が「正弦波交流の時計」と異なります。

単位円の半径は**動径**といい、自由に回転することができます。0°となる3時の位置の半径は**始線**、始線と動径がつくる角は**偏角**といいます。単位円で三角関数を考える場合は、偏角を三角関数を求めたい角度にして、動径が斜辺になるように直角三角形を書きます。三角関数のsinとcosはどちらも分母が直角三角形の斜辺の長さになりますが、斜辺は単位円の動径にあたるため、斜辺の長さは常に1になります。したがって、

$$\sin\theta = \frac{対辺の長さ}{斜辺の長さ} = \frac{対辺の長さ}{1} = 対辺の長さ$$

$$\cos\theta = \frac{底辺の長さ}{斜辺の長さ} = \frac{底辺の長さ}{1} = 底辺の長さ$$

となり、三角関数が求めやすくなります。

●単位円の使い方

単位円で60°の角の三角関数を考えるときは、単位円の0°である3時から60°進んだ1時の位置に動径を書きます。そして、単位円の右側にサイン君の目を、円の上側にコサイン君の目を書きます。

サイン君は、単位円を右側から見ていて、動径が垂直な線として見えています。サイン君から見た、動径の見た目の高さがsinの値になります。動径の見た目の高さは対辺の長さと同じなので、対辺の長さを求めます。90°、60°、30°の直角三角形は、3辺の比が必ず$1:2:\sqrt{3}$になります。斜辺の長さが1なので、底辺の長さは1/2、対辺の長さは$\sqrt{3}/2$となるため、sin 60°は

$\sqrt{3}/2$であることがわかります。

コサイン君は、単位円の上側から見ていて、サイン君同様、動径が垂直な線として見えています。コサイン君から見た、動径の見た目の高さがcosの値になります。底辺の長さと同じなので、したがって、cos 60°は1/2であることがわかります。

図 5-5-1　単位円

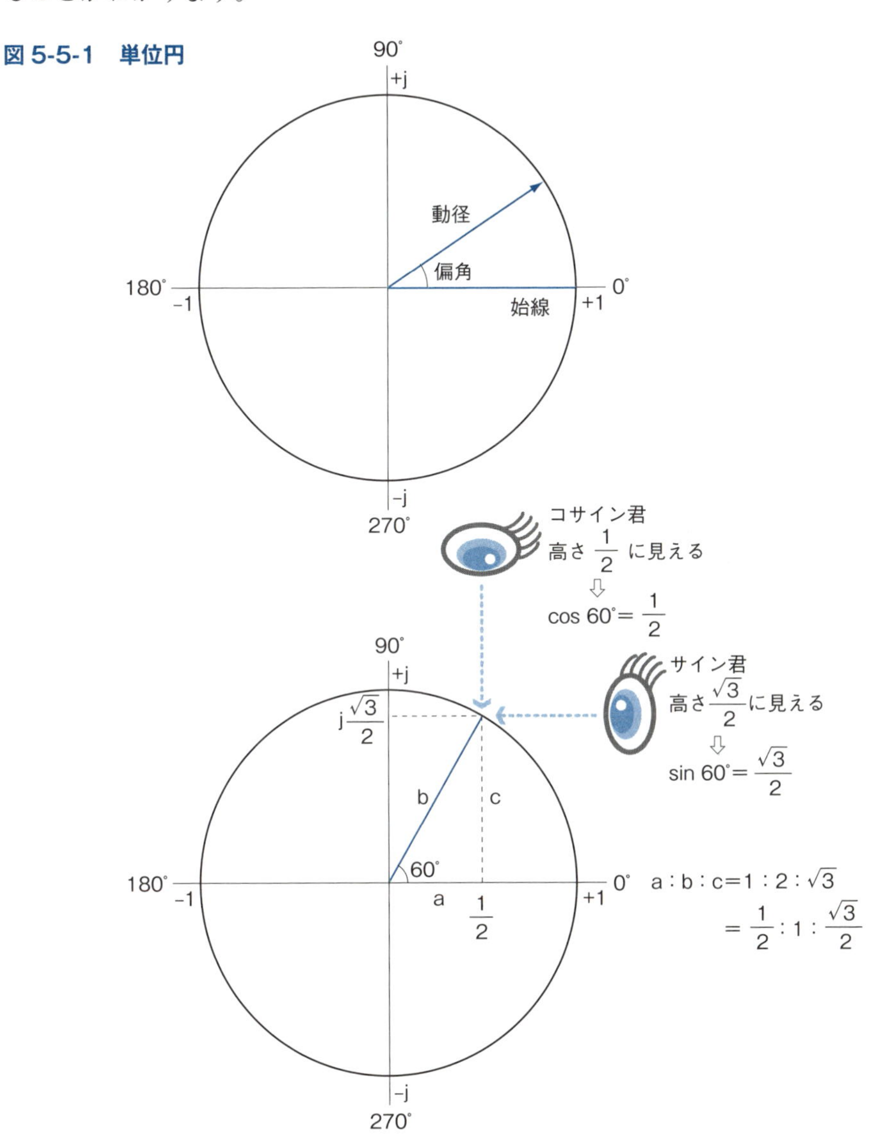

5-6 いろいろな三角関数

● 0°や90°の三角関数

単位円で、偏角が0°のときの動径の高さは、サイン君は0、コサイン君は1に見えます。計算で三角関数を求めると、斜辺と底辺が重なっていて単位円の半径と同じ長さとなり、対辺の長さは0であるため、

$$\sin 0° = \frac{\text{対辺の長さ}}{\text{斜辺の長さ}} = \frac{0}{1} = 0$$

$$\cos 0° = \frac{\text{底辺の長さ}}{\text{斜辺の長さ}} = \frac{1}{1} = 1$$

$$\tan 0° = \frac{\text{対辺の長さ}}{\text{底辺の長さ}} = \frac{0}{1} = 0$$

となります。

単位円で、偏角が90°のときの動径の高さは、サイン君は1、コサイン君は0に見えます。計算で三角関数を求めると、斜辺と対辺が重なっていて単位円の半径と同じ長さとなり、底辺の長さは0であるため、

$$\sin 90° = \frac{\text{対辺の長さ}}{\text{斜辺の長さ}} = \frac{1}{1} = 1$$

$$\cos 90° = \frac{\text{底辺の長さ}}{\text{斜辺の長さ}} = \frac{0}{1} = 0$$

となります。tan 90°は

$$\tan 90° = \frac{\text{対辺の長さ}}{\text{底辺の長さ}} = \frac{1}{0}$$

となり、分母が0になるため、定義されていません。

● 90°以上は単位円を活用する

90°以上の三角関数を求める場合は、単位円を活用します。例えば、単位円の120°の位置にある動径は、サイン君からは60°の動径と同じ高さに見え

るため、sin 120°とsin 60°は同じ値の$\sqrt{3}/2$になります。コサイン君からは60°の動径と同じ高さに見えますが、線の方向が上下反対になって見えます。サイン君とコサイン君は上の方に伸びる線はプラス、下の方に伸びる線はマイナスと見るので、cos 120°はcos 60°と同じ大きさで符号をマイナスにして、−1/2になります。

図 5-6-1　単位円の使い方

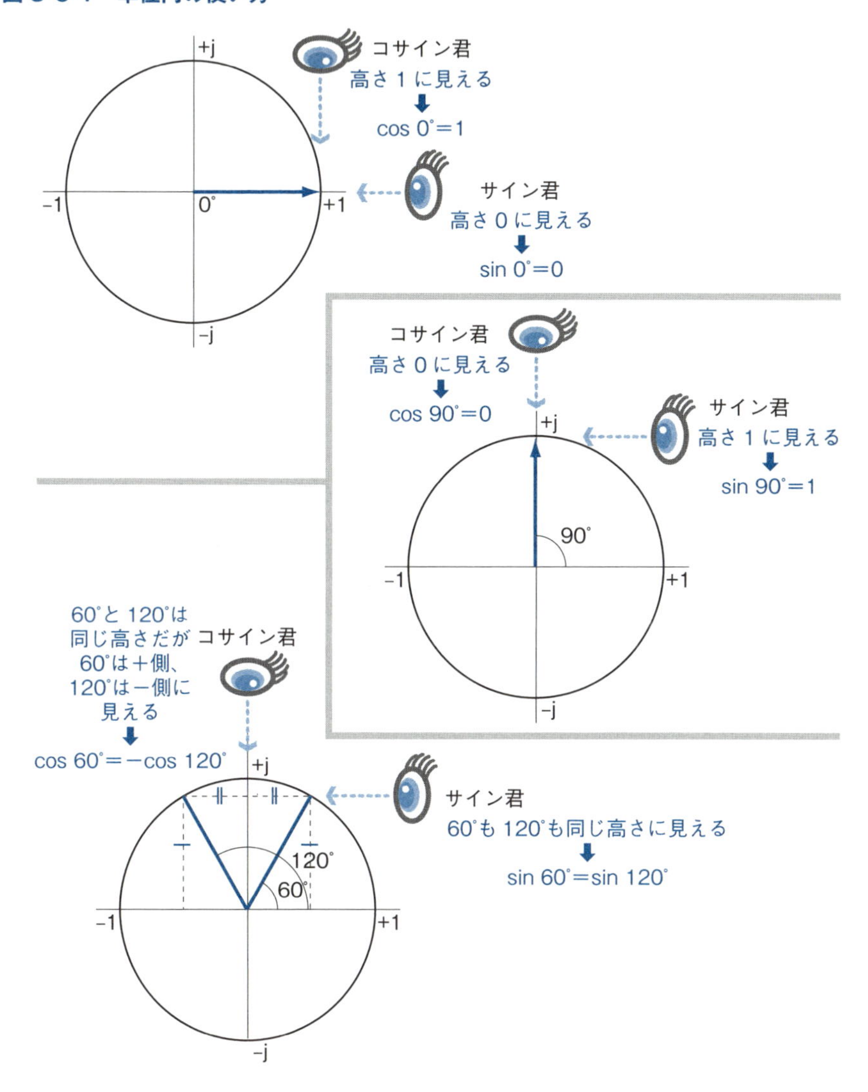

5・複素数入門

5-7 極座標表示

●複素数の別の表し方

複素数を a+jb の形で表すことを**直交座標表示**といいます。複素数の他の表し方として、**極座標表示**という形があります。極座標表示は、ベクトル $\dot{X}$ の大きさをr、偏角を θ とすると、

$$\dot{X} = r \angle \theta°$$

と表しr偏角 θ°と読みます。例えば、$\dot{A} = 1 + j\sqrt{3}$ という直交座標表示の複素数は、底辺が1、対辺が $\sqrt{3}$ の直角三角形の斜辺と同じベクトルになります。したがって、この直角三角形は90°、60°、30°の角を持ち、このベクトルの偏角は60°、ベクトルの大きさは斜辺の長さと同じ2になることがわかります。この複素数を極座標表示で表すと、$2\angle 60°$ となります。

●極座標表示と直交座標表示の変換

極座標表示である $2\angle 60°$ を直交座標表示に変換する場合は、三角関数を利用します。直交座標表示の実数部は直角三角形の底辺の長さと等しくなります。偏角60°のcosを求めると、

$$\cos 60° = \frac{\text{底辺の長さ}}{\text{斜辺の長さ}} = \frac{1}{2}$$

なので、底辺の長さは斜辺の長さの1/2倍となり、

$$\text{底辺の長さ} = \text{斜辺の長さ} \times \frac{1}{2} = 2 \times \frac{1}{2} = 1$$

となります。

直交座標表示の虚数部は直角三角形の対辺の長さと等しくなります。偏角60°のsinを求めると、

$$\sin 60° = \frac{\text{対辺の長さ}}{\text{斜辺の長さ}} = \frac{\sqrt{3}}{2}$$

なので、対辺の長さは斜辺の長さの $\sqrt{3}/2$ 倍となり、

$$底辺の長さ=斜辺の長さ\times\frac{\sqrt{3}}{2}=2\times\frac{\sqrt{3}}{2}=\sqrt{3}$$

となります。したがって、斜辺の長さ $2\angle 60^\circ$ の直交座標表示は、

$$a+jb=1+j\sqrt{3}$$

となります。

これを整理すると、極座標表示 $r\angle\theta^\circ$ を直交座標表示の間には、

$$r\angle\theta^\circ = r\cos\theta^\circ + jr\sin\theta$$

の関係が成立することになります。

図 5-7-1　直交座標表示と極座標表示

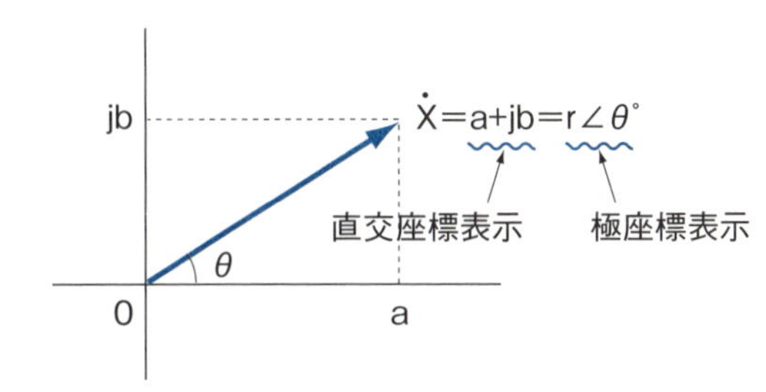

図 5-7-2　直交座標表示から極座標表示への変換

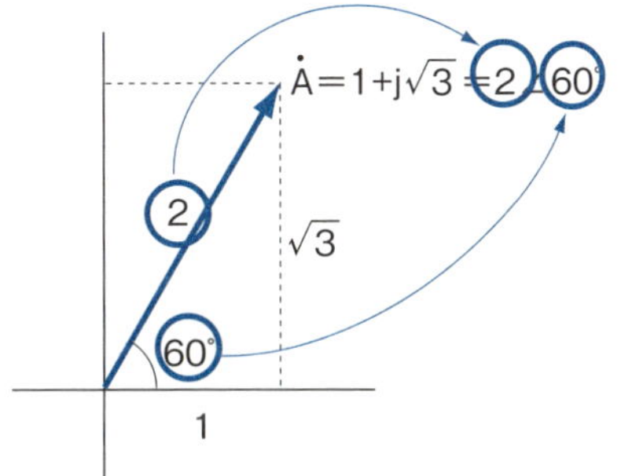

図 5-7-3　極座標表示から直交座標表示への変換

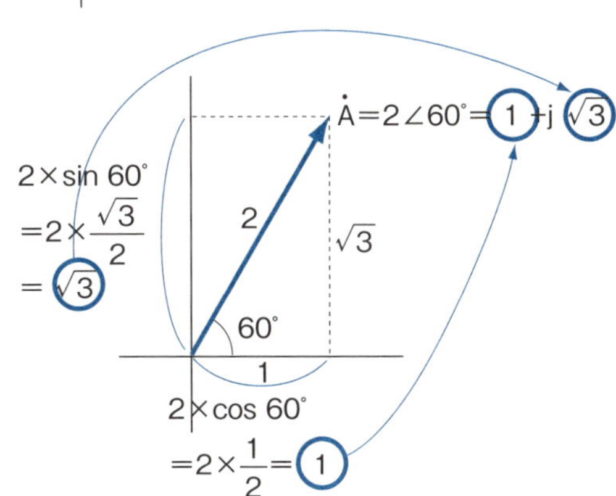

5-8 極座標表示の和差積商

●極座標表示の和と差

極座標表示の和や差を求める場合は、一旦、極座標表示を直交座標表示に変換してから、和や差を求めます。例えば、

$$\dot{A} = 2\angle 60°$$

$$\dot{B} = \sqrt{2}\angle 45°$$

という2つのベクトルの和や差を求める場合、

$$r\angle\theta° = r\cos\theta° + jr\sin\theta$$

の公式を利用して、$\dot{A}$ と $\dot{B}$ を直交座標表示に変換すると、

$$\dot{A} = 2\cos 60° + j2\sin 60° = 2\times\frac{1}{2} + j2\times\frac{\sqrt{3}}{2} = 1 + j\sqrt{3}$$

$$\dot{B} = \sqrt{2}\cos 45° + j\sqrt{2}\sin 45° = \sqrt{2}\times\frac{1}{\sqrt{2}} + j\sqrt{2}\times\frac{1}{\sqrt{2}} = 1 + j$$

となります。したがって、$\dot{A}+\dot{B}$、および $\dot{A}-\dot{B}$ は、

$$\dot{A}+\dot{B} = 1 + j\sqrt{3} + 1 + j = 2 + j(\sqrt{3}+1)$$

$$\dot{A}-\dot{B} = 1 + j\sqrt{3} - 1 - j = j(\sqrt{3}-1)$$

となります。

●極座標表示の積と商

極座標表示の積を求める場合は、ベクトルの大きさは掛けて、偏角は足すことで求められるので、

$$\dot{A} = 2\angle 60°$$

$$\dot{B} = \sqrt{2}\angle 45°$$

$$\dot{A}\times\dot{B} = (2\times\sqrt{2})\angle(60° + 45°) = 2\sqrt{2}\angle 105°$$

となります。また、極座標表示の商を求める場合は、ベクトルの大きさは割って、偏角は引くことで求められます。したがって、

$$\dot{A} = 2\angle 60°$$

$$\dot{B} = \sqrt{2} \angle 45^\circ$$

$$\dot{A} \div \dot{B} = (2 \div \sqrt{2}) \angle (60^\circ - 45^\circ) = \sqrt{2} \angle 15^\circ$$

となります。

図 5-8-1　極座標表示の和と差

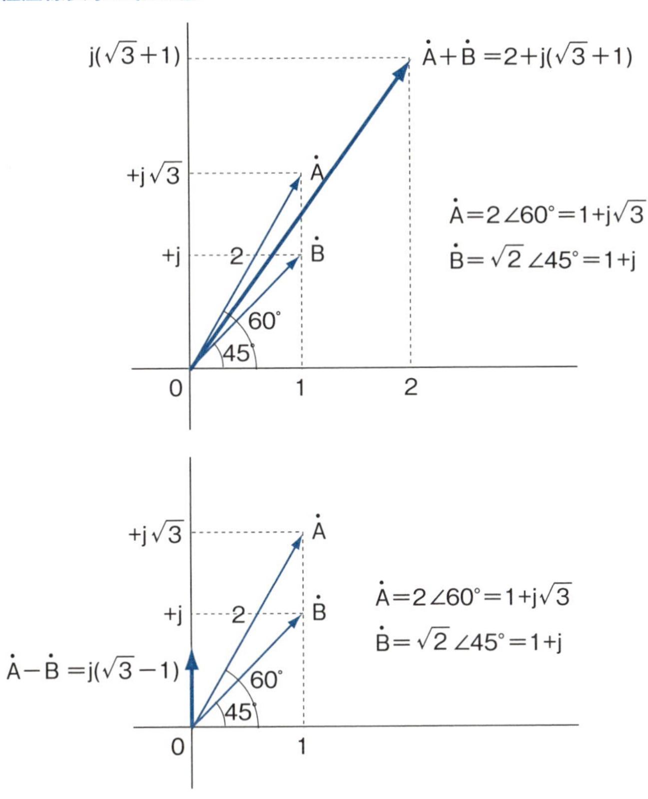

図 5-8-2　極座標表示の積と商

$$\dot{A} = 2 \angle 60^\circ \qquad \dot{B} = \sqrt{2} \angle 45^\circ$$

$$\dot{A} \times \dot{B} = 2 \times \sqrt{2} \angle (60^\circ + 45^\circ) = 2\sqrt{2} \angle 105^\circ$$

$$\dot{A} \div \dot{B} = 2 \div \sqrt{2} \angle (60^\circ - 45^\circ) = \sqrt{2} \angle 15^\circ$$

5-9 60 分法と弧度法

● 60 分法と弧度法

角度の表し方には、60 分法と弧度法があります。**60 分法**は、30° や 120° のように、0 から 360° で角度を表す方法です。円の 1 周の角度を 360° として、それを 360 等分した角度を 1° としています。**弧度法**は、円弧の長さが半径の何倍かで角度を表す方法です。円の半径を r とすると、円周の長さ l は、

$$l = 2\pi r$$

の関係があるため、360° の円周の長さは半径の 2π 倍となります。したがって、60 分法の 360° を弧度法の 2π とし、単位にラジアン［rad］を用います。180° は π［rad］、90° は 1/2π［rad］となり、弧の長さが半径と同じ長さの扇型の角度は 1［rad］となります。

●弧度法の使い方

弧度法を理解するために、弧度法で扇型の円弧の長さや面積を求めてみます。半径が r の円の円周の長さ L_0 は、

$$L_0 = 2\pi r$$

で求められます。円 1 周分の 360° は弧度法で表すと 2π［rad］なので、角度が a［rad］の扇型の円弧の長さ L は、2π［rad］のうちの a［rad］の部分を求めればよいことになり、次式のようになります。つまり、扇型の円弧の長さは、半径に弧度法で表した角度をかければ求められます。

$$L = 2\pi r \times \frac{a}{2\pi} = ar$$

次に、扇型の面積を求めてみます。半径 r の円の面積 S_0 は、

$$S_0 = \pi r^2$$

で求められます。2π［rad］のうちの a［rad］の部分を求めると、

$$S = \pi r^2 \times \frac{a}{2\pi} = \frac{1}{2}ar^2$$

となります。

図 5-9-1　60 分法と弧度法

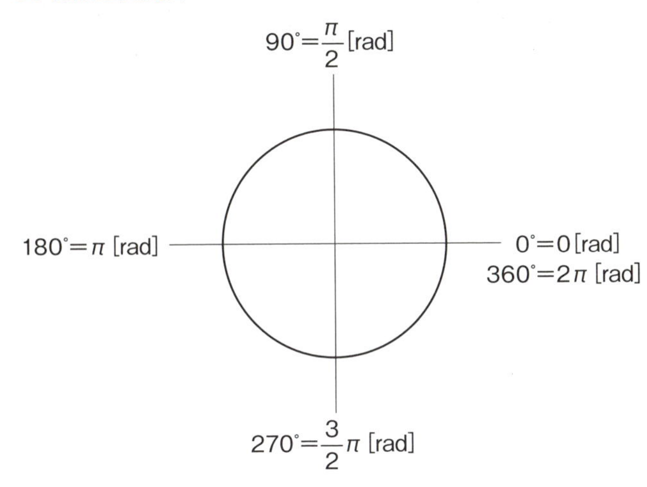

図 5-9-2　円弧の長さと扇型の面積

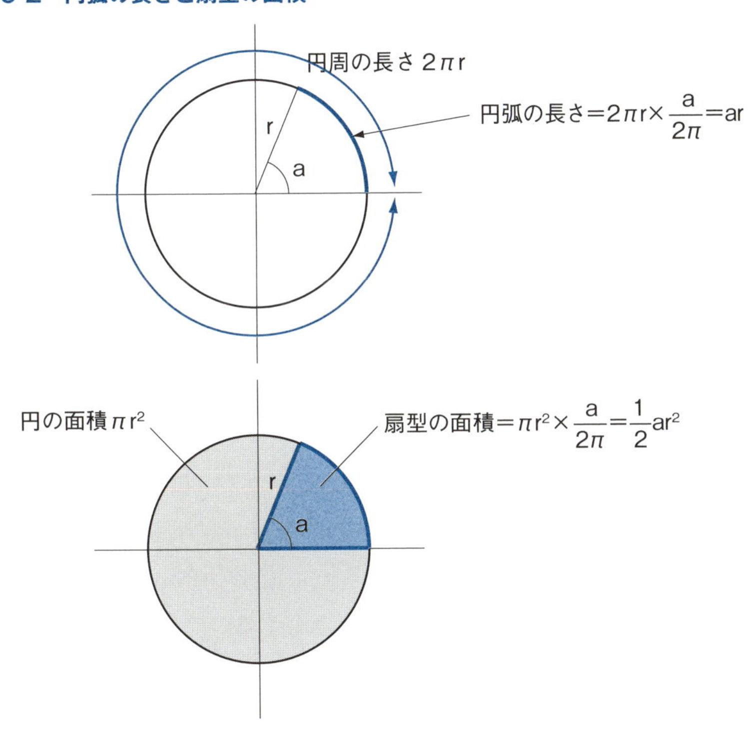

5-10 正弦波交流の瞬時式

●瞬時式とは

電圧の瞬時値 e と時間 t の関係を数式で表すと、

$$e = E_m \sin \omega t$$

となります。E_m は電圧の最大値で、正弦波交流の最大値は実効値の $\sqrt{2}$ 倍になります。ω は**角速度**といい、周波数を f［Hz］とすると、

$$\omega = 2\pi f$$

が成立します。したがって、電圧の実効値を E とすると、

$$e = \sqrt{2} E \sin 2\pi ft$$

となります。この数式の t を変化させたときの e をグラフに表すと正弦波交流になります。同様に電流の瞬時値 i も、電流の最大値を I_m、電流の実効値を I とすると、

$$i = I_m \sin \omega t = \sqrt{2} I \sin 2\pi ft$$

と表すことができます。このように、瞬時値を表す式を**瞬時式**といいます。

●位相差の表し方

コンデンサに電圧をかけると、電流の位相が進みます。このように、電圧より電流の位相が進んでいるときの電圧と電流の瞬時式は、位相差を φ［rad］とすると、

$$e = E_m \sin \omega t$$
$$i = I_m \sin(\omega t - \phi)$$

となります。

反対に、コイルに電圧をかけると、電流の位相が遅れます。このように、電圧より電流の位相が遅れているときの電圧と電流の瞬時式は、

$$e = E_m \sin \omega t$$
$$i = I_m \sin(\omega t + \phi)$$

となります。

図 5-10-1　瞬時式

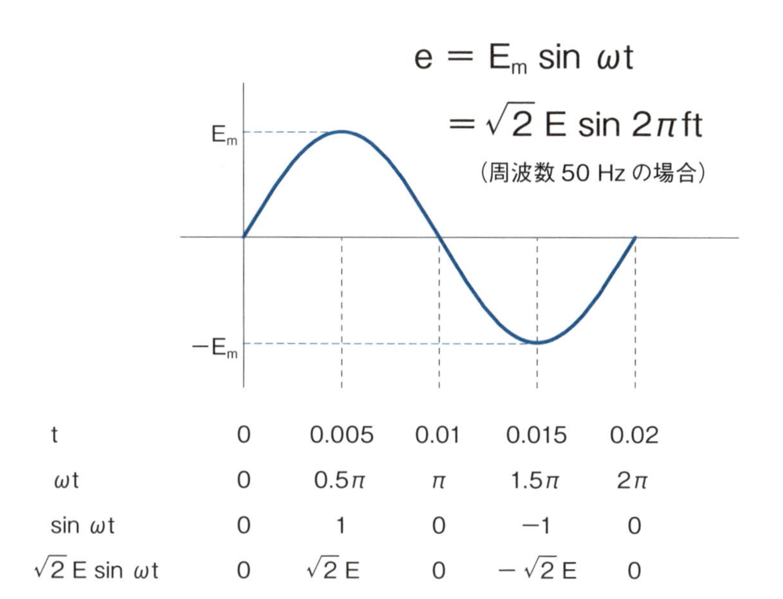

t	0	0.005	0.01	0.015	0.02
ωt	0	0.5π	π	1.5π	2π
$\sin \omega t$	0	1	0	-1	0
$\sqrt{2}\,E \sin \omega t$	0	$\sqrt{2}\,E$	0	$-\sqrt{2}\,E$	0

図 5-10-2　瞬時式の進みと遅れ

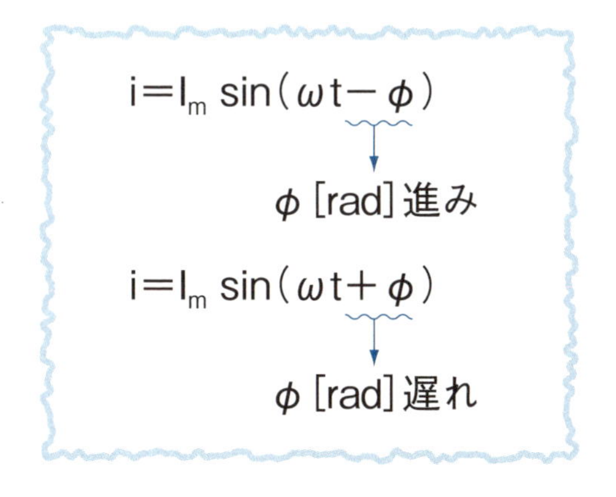

5-11 リアクタンスのベクトル

●コイルのリアクタンス

コイルに電圧Vが100［V］の交流電圧をかけ、電流Iが10［A］が流れたとき、オームの法則よりコイルのリアクタンスX_L［Ω］は、

$$\dot{X}_L = \frac{\dot{V}}{\dot{I}} = \frac{100}{10} = 10 \ [\Omega]$$

となります。この計算方法は正しいのですが、10［Ω］が抵抗なのか、リアクタンスなのかがわかりません。それがわかるようにするためには、電圧や電流の位相を考慮して、直交座標表示で考えてみます。

コイルは電流の位相を90°遅らせる働きがあるので、電圧Vと電流Iを直交座標表示で表すと

$$\dot{V} = 100$$

$$\dot{I} = -j10$$

となります。オームの法則でコイルのリアクタンス$\dot{X}_L$を求めると、

$$\dot{X}_L = \frac{\dot{V}}{\dot{I}} = \frac{100}{-j10} = \frac{j100}{10} = j10 \ [\Omega]$$

となります。j10［Ω］は、複素平面に表すと原点から上方向に10目盛の線となり、コイルのリアクタンスもベクトル図で表すことができます。

●コンデンサのリアクタンス

コンデンサに電圧Vが100［V］の交流電圧をかけ、電流Iが10［A］流れたとき、コンデンサは電流の位相を90°進める働きがあるので、電圧Vと電流Iを直交座標表示で表すと、

$$\dot{V} = 100$$

$$\dot{I} = j10$$

となります。オームの法則でコンデンサのリアクタンス$\dot{X}_C$を求めると、

$$\dot{X}_C = \frac{\dot{V}}{\dot{I}} = \frac{100}{j10} = \frac{-j100}{10} = -j10 \ [\Omega]$$

となります。－j10［Ω］を複素平面に表すと、原点から下方向に10目盛の線となり、コンデンサのリアクタンスもベクトル図に表すことができます。

図5-11-1　リアクタンスのベクトル

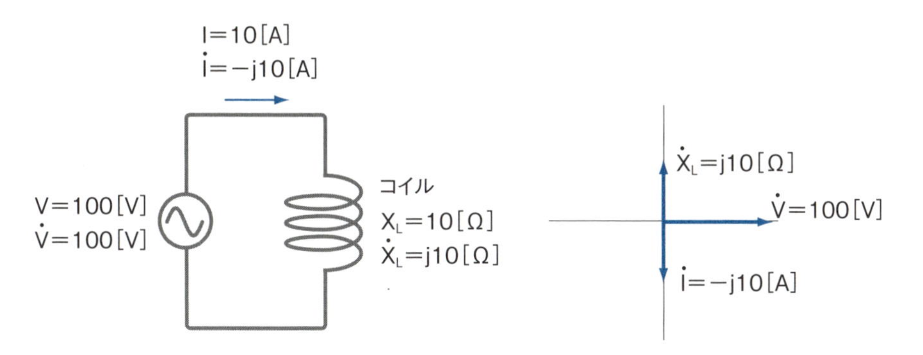

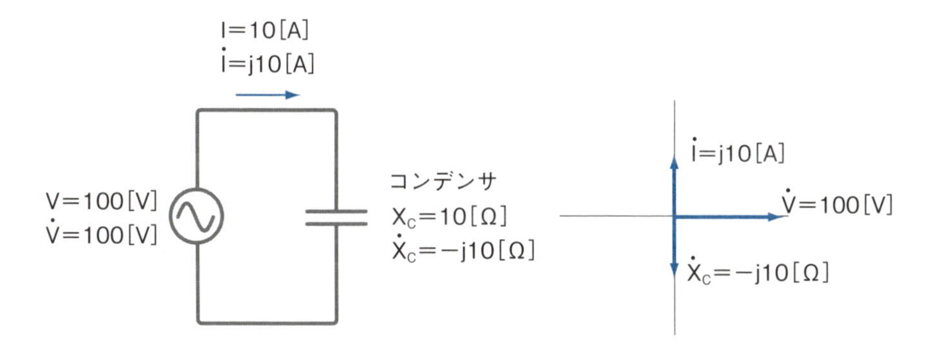

5-12 インピーダンスのベクトル

●抵抗にコイルやコンデンサを接続した場合

抵抗値がR［Ω］の抵抗とリアクタンスがX_L［Ω］のコイルを直列接続すると、インピーダンス$\dot{Z}$は、

$$\dot{Z} = R + jX_L$$

となります。これを複素平面に表すと、原点から右方向にR、上方向にX_L進んだ点と原点をつなぐ線になります。

また、抵抗値がR［Ω］の抵抗と、リアクタンスがX_C［Ω］のコンデンサを直列接続すると、インピーダンス$\dot{Z}$は、

$$\dot{Z} = R - jX_C$$

となります。これを複素平面に表すと、原点から右方向にR、下方向にX_C進んだ点と原点をつなぐ線になります。

●共振とは

リアクタンス$\dot{X}_L$がj10［Ω］のコイルと、リアクタンス$\dot{X}_C$が−j10［Ω］のコンデンサを直列接続した場合、リアクタンスの合計である合成リアクタンス$\dot{X}_S$［Ω］はそれぞれのリアクタンスの和となるため、

$$\dot{X}_S = \dot{X}_L + \dot{X}_C = j10 + (-j10) = 0 \ [\Omega]$$

となり、リアクタンスが0になってしまいます。このように、コイルとコンデンサが直列接続され、リアクタンスが0になる状態を**直列共振**といいます。

リアクタンス$\dot{X}_L$がj10［Ω］のコイルと、リアクタンス$\dot{X}_C$が−j10［Ω］のコンデンサを並列接続した場合、リアクタンスの合計である合成リアクタンス$\dot{X}_P$［Ω］は、

$$\dot{X}_P = \frac{1}{\frac{1}{\dot{X}_L} + \frac{1}{\dot{X}_C}} = \frac{\dot{X}_L \dot{X}_C}{\dot{X}_L + \dot{X}_C} = \frac{j10 \times (-j10)}{j10 + (-j10)} = \frac{100}{0} \ [\Omega]$$

となります。分母が0になると、合成リアクタンスは∞［Ω］になったよう

に働きます。このように、コイルとコンデンサが並列接続され、リアクタンスが∞になる状態を**並列共振**といいます。

図 5-12-1　インピーダンスのベクトル

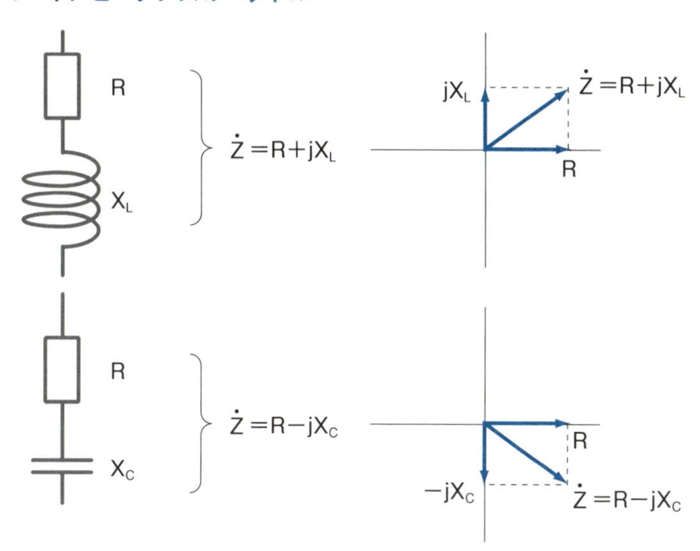

図 5-12-2　共振

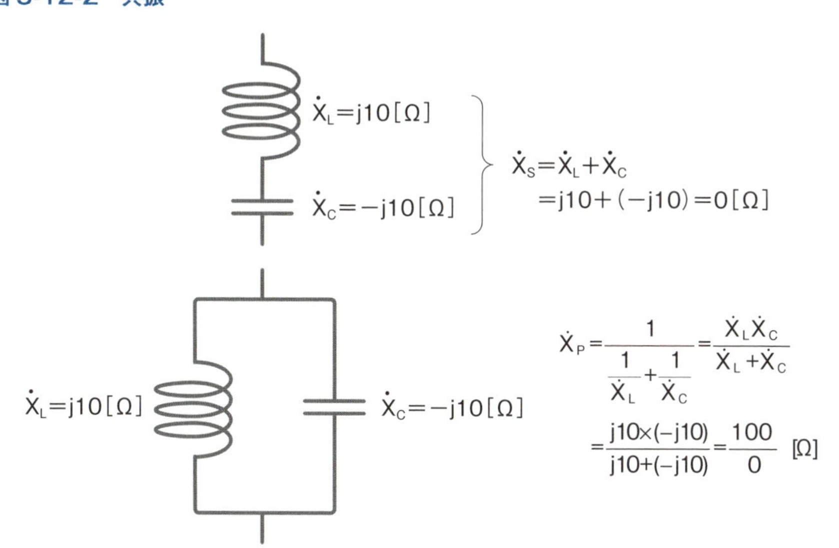

5-13 電力のベクトル

●有効電力と無効電力のベクトル

抵抗値Rが3［Ω］の抵抗とリアクタンスX_Lが4［Ω］のコイルを直列接続した回路に電圧$\dot{V}$が100［V］の交流電圧をかけたときの有効電力と無効電力を求めてみます。この回路の合成インピーダンス$\dot{Z}$［Ω］は

$$\dot{Z} = R + jX_L = 3 + j4$$

となり、オームの法則より流れる電流$\dot{I}$［A］を求めると、次式になります。

$$\dot{I} = \frac{\dot{V}}{\dot{Z}} = \frac{100}{3+j4} = \frac{100(3-j4)}{(3+j4)(3-j4)} = \frac{100(3-j4)}{9+16} = \frac{100(3-j4)}{25} = 12-j16$$

皮相電力$\dot{S}$［VA］は、電圧$\dot{V}$［V］と電流$\dot{I}$［A］の積で求められるので、

$$\dot{S} = \dot{V} \times \dot{I} = 100 \times (12 - j16) = 1200 - j1600$$

となります。この皮相電力の複素数は、実数部が有効電力P［W］、虚数部が無効電力Q［var］を表しています。また、虚数部の符号がマイナスであれば遅れ無効電力となり、プラスであれば進み無効電力となります。

●無効電力の方向

無効電力には進みと遅れがあるため、取り扱いには注意が必要です。例えば、電源から負荷に遅れ無効電力$-jQ$［var］を供給するというのは、負荷から電源に進み無効電力$+jQ$［var］を供給するのと同じことになります。反対に、電源から負荷に進み無効電力$+jQ$［var］を供給するというのは、負荷から電源に遅れ無効電力$-jQ$［var］を供給するのと同じことになります。力率を改善する進相コンデンサは、進み無効電力を消費するので、電源に遅れ無効電力を供給していることになります。この遅れ無効電力が他の遅れ無効電力を消費する負荷に供給されるため、電源から供給される遅れ無効電力が減って力率が改善することになります。

また、ここでは$+jQ$［var］を進み無効電力、$-jQ$［var］を遅れ無効電力としましたが、$+jQ$［var］を遅れ無効電力、$-jQ$［var］を進み無効電

力とする場合もあります。符号の正負の関係が一貫していればどちらでも問題ありません。

図 5-13-1　電力のベクトル

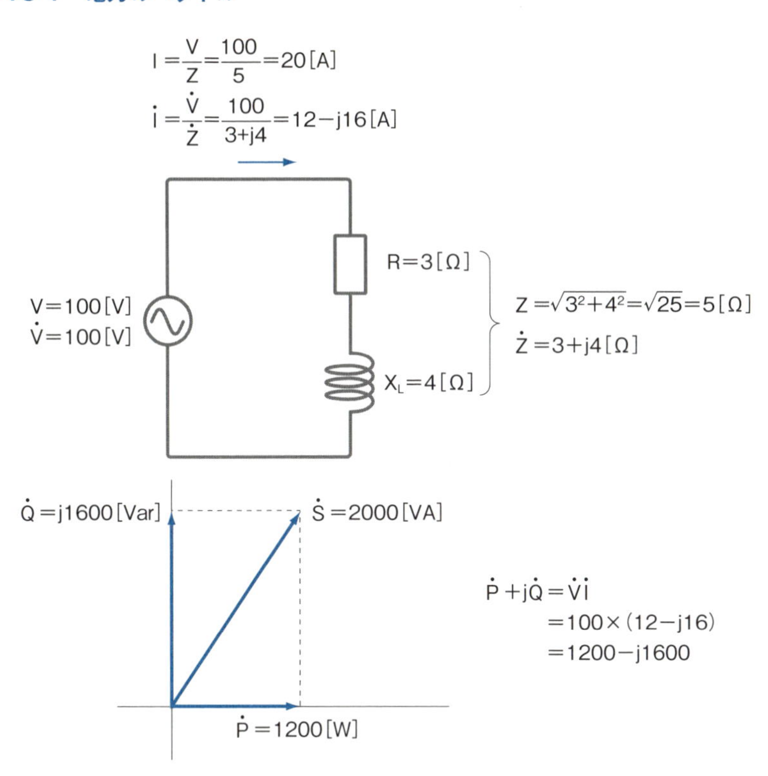

図 5-13-2　無効電力の方向

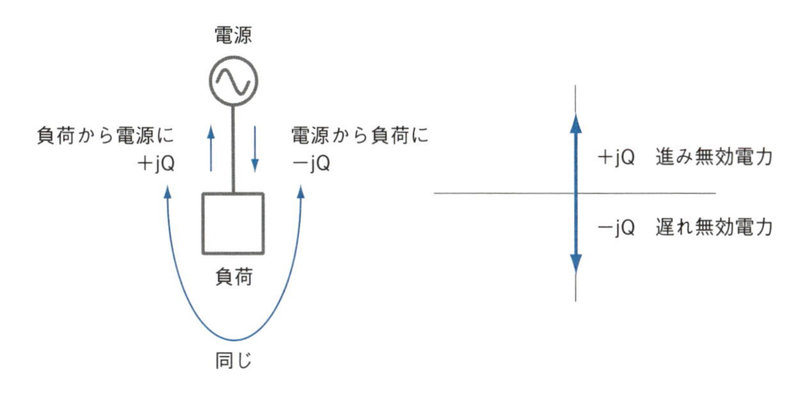

5-14 さまざまな複素数の表し方

●複素数の表し方

これまで見てきたように、複素数はさまざまな表し方があります。例えば、電圧 $\dot{V}$ が100［V］の単相電源に負荷を接続し、30°遅れの電流 $\dot{I}$ が50［A］流れたとします。この電圧 $\dot{V}$ と電流 $\dot{I}$ を極座標表示で表すと、

$$\dot{V} = 100\angle 0°$$

$$\dot{I} = 50\angle -30°$$

となり、直交座標表示で表すと、

$$\dot{V} = 100$$

$$\dot{I} = 50\cos 30° + j50\sin(-30°) \fallingdotseq 50 \times 0.866 - j50 \times 0.5 = 43.3 - j25$$

となります。

さらに、電圧の瞬時値 e と電流の瞬時値 i は、

$$e = E_m \sin \omega t = 100\sqrt{2}\sin \omega t$$

$$i = I_m \sin(\omega t - 30°) = 50\sqrt{2}\sin(\omega t - 30°)$$

と表すこともできます。

位相差に着目するときや、複素数の掛け算や割り算をするときは極座標表示が適していますが、電流や電力の有効分と無効分の大きさに着目するときや、複素数の足し算や引き算をするときは直交座標表示が適しています。

また、電圧や電流の瞬時値に着目するときは、瞬時式が必要です。このように、何に着目するのかによって表し方を使い分けると、計算がしやすくなります。

●図やグラフの表し方

複素数は、複素平面にベクトル図として表したり、電圧や電流などは正弦波曲線としてグラフに表すことも可能です。正弦波曲線グラフの方が、周波数がわかるなど情報が多いのですが、瞬時値を考える必要がない場合や位相差を考える場合は、ベクトル図の方が便利なことが多いです。

図 5-14-1　電圧・電流の表し方

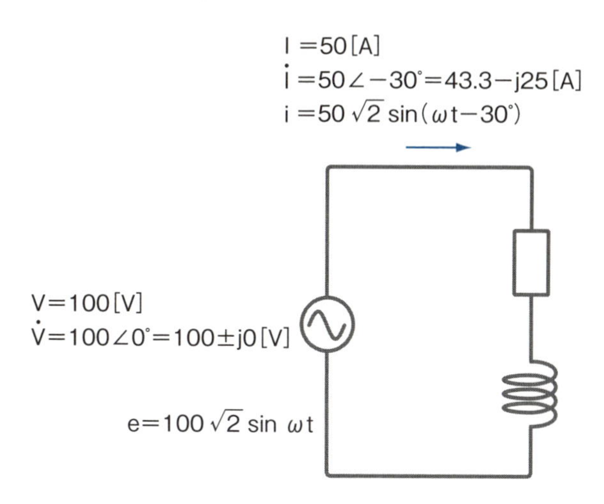

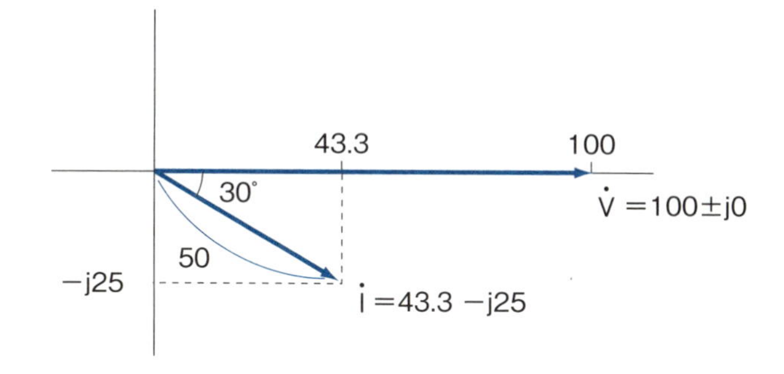

5・複素数入門

5-15 複素数の活用（1）<力率>

●力率改善のしくみ

有効電力Pが1000［kW］、遅れ無効電力Q_Lが750［kvar］のときを考えてみます。このときの皮相電力S［kVA］は、有効電力Pのベクトルと、無効電力Q_Lのベクトルの和となるため、

$$S=\sqrt{P^2+{Q_L}^2}=\sqrt{1000^2+750^2}=\sqrt{1562500}=1250 \ [kVA]$$

となります。3つの電力を複素平面に表すと、有効電力Pは原点から右方向に1000目盛のベクトル、無効電力Q_Lは遅れなので原点から下方向に750目盛のベクトル、皮相電力Sは有効電力Pのベクトルと無効電力Q_Lのベクトルの和となるため、原点から右方向に1000目盛、そこから下方向に750目盛のベクトルになります。したがって、有効電力$\dot{P}$、無効電力$\dot{Q}_L$、皮相電力$\dot{S}$を直交座標表示にすると、

$$\dot{P}=1000 \ [kW]$$
$$\dot{Q}_L=-j750 \ [kvar]$$
$$\dot{S}=1000-j750 \ [kVA]$$

となります。

力率λは、皮相電力Sに対する有効電力Pの割合であるため、

$$\lambda=\frac{P}{S}=\frac{1000}{1250}=0.8=80 \ [\%]$$

となります。

●進相コンデンサの働き

力率を100％にするためには、無効電力Q_Lをゼロにする必要があります。複素平面で考えると、遅れの無効電力Q_Lと同じ大きさで反対方向のベクトルとなる進みの無効電力を消費する負荷をつなげて、無効電力Q_Lと相殺されるようにすればよいことになります。この進みの無効電力を消費する負荷

になるのが進相コンデンサです。進みの無効電力 Q_C が j750［kvar］の場合、

$$\dot{P} = 1000 \ [\mathrm{kW}]$$

$$\dot{Q}_C = Q_L + Q_C = j750 - j750 = 0 \ [\mathrm{kvar}]$$

$$\dot{S} = 1000 \ [\mathrm{kVA}]$$

となり、皮相電力すべてが有効電力となるため、力率が100%となります。

図 5-15-1　力率改善のしくみ

力率改善前

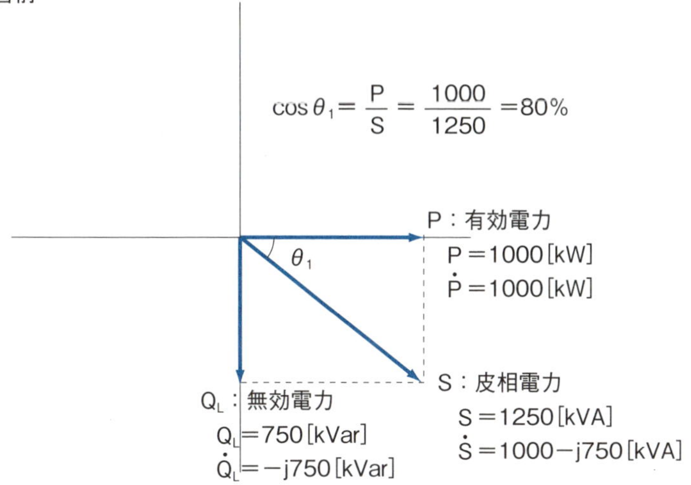

力率改善後

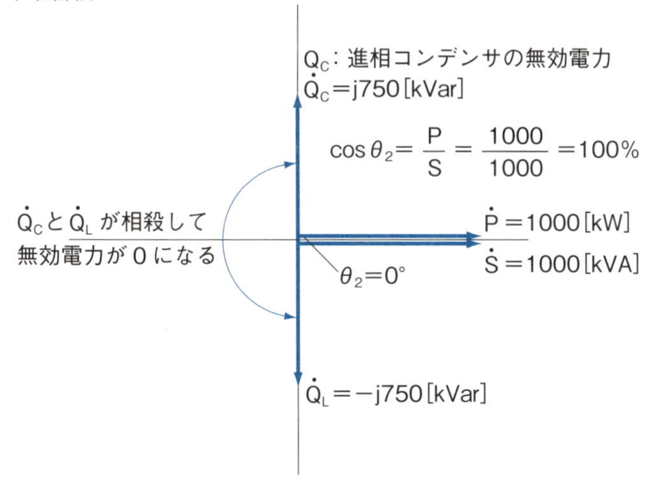

5・複素数入門

5-16 複素数の活用（2）<三相交流>

●三相交流の複素数

三相3線6600［V］では、R相、S相、T相の3つのうち、2つの相の間にかかる電圧の大きさである線間電圧は6600［V］になります。そして、三相3線6600［V］がスター結線の変圧器から送られている場合、変圧器の中性点を0［V］とすると、R相、S相、T相のそれぞれの電圧の大きさである相電圧は、線間電圧の$1/\sqrt{3}$の約3810［V］となります。

●なぜ$1/\sqrt{3}$なのか

相電圧が線間電圧の$1/\sqrt{3}$になるのは、三相交流の相電圧が120°ずつずれているのが原因です。複素平面に三相交流の相電圧を表してみます。R相の相電圧$\dot{V}_R$を基準とすると、

$$\dot{V}_R = 3810 \text{［V］}$$

となり、複素平面の原点から右に3810目盛のベクトルとなります。三相交流は相電圧が120°ずつずれているので、S相の相電圧$\dot{V}_S$は、

$$\dot{V}_S = 3810\angle -120°$$

となり、直交座標表示に変換すると、

$$r\angle\theta° = r\cos\theta° + jr\sin\theta$$

$$3810\angle -120° = 3810\cos(-120°) + j3810\sin(-120°)$$

$$= 3810\times(-\frac{1}{2}) + j3810\times(-\frac{\sqrt{3}}{2}) = -1905 - j3300$$

となります。

R相とS相の間の線間電圧$\dot{V}_{RS}$は、$\dot{V}_R$と$\dot{V}_S$の差になるので、

$$\dot{V}_{RS} = \dot{V}_R - \dot{V}_S = 3810 + 1905 + j3300 = 5715 + j3300$$

となります。この$\dot{V}_{RS}$の大きさを求めると、

$$V_{RS} = \sqrt{5715^2 + 3300^2} = \sqrt{43551225} = 6600 \text{［V］}$$

となり、線間電圧と等しい値になることがわかります。

図 5-16-1　線間電圧と相電圧

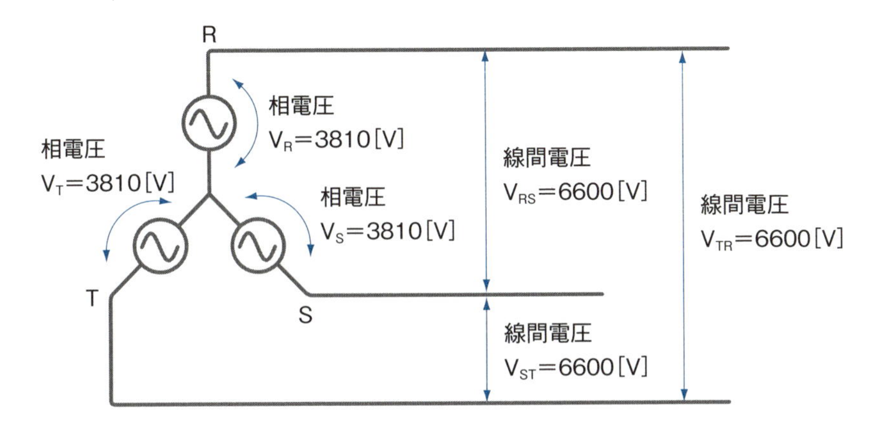

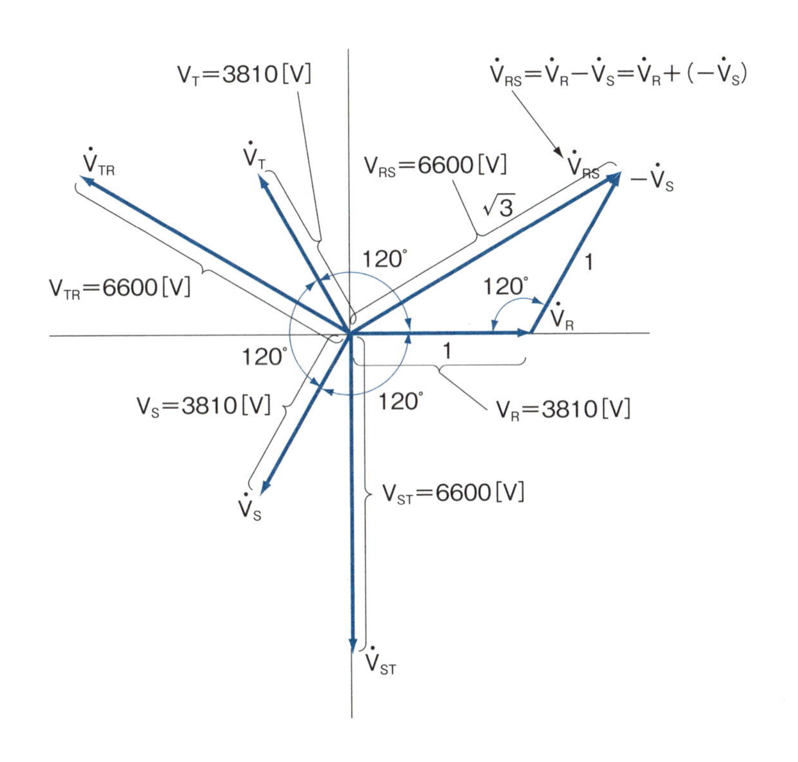

電気回路のトラブル⑤　雷

ビルやマンションなど、高さがある建物には避雷針が設置されています。避雷針は建物に雷が直撃して外壁などが破損しないよう、雷が避雷針に落ちるように誘導して、落雷時は避雷針から鉄骨を経由して地球へ電流を流すようになっています。

雷は電圧が数千万から数億ボルトに達するため、避雷針に雷が落ちた瞬間、建物自体の電圧が急に上昇することになります。建物の中にはさまざまな電気機器があり、それらの多くは接地により建物自体と電気的につながっていることが多いです。そして、電話線などビルの外と電気的に接続されていると、落雷時には電気回路と電話線などの間に高い電圧がかかり、大きな電流が流れることによって、電気機器の内部にある電気回路を破壊してしまうことがあります。

このような落雷による電気回路の破損を防止するため、等電位化という手法があります。電流は電圧が高いところから低いところに流れるため、落雷時に発生する電圧の差をできるだけ0に近づけるというものです。複数ある接地を電線で直接接続したり、落雷により電気回路や電話線などの電圧が高くなったときに、自動的に接地と接続される保護装置を取り付けたりすることにより等電位化をします。

●参考文献

上坂功一,『これならわかる電気数学』, 日刊工業新聞社, 1987
有馬良知,『電気の基本がよくわかる本』, 秀和システム, 2012

●資料：電気公式集

電流・電圧・電力

オームの法則

$V = IR$

V：電圧[V]　I：電流[A]　R：抵抗[Ω]

直流電力

$P = VI$

P：電力[W]　V：電圧[V]　I：電流[A]

皮相電力

（単相）　$S = VI$

（三相）　$S = \sqrt{3}\,VI$

S：皮相電力[VA]　V：電圧[V]

I：電流[A]

有効電力

（単相）　$P = VI\cos\theta$

（三相）　$P = \sqrt{3}\,VI\cos\theta$

P：有効電力[W]　V：電圧[V]

I：電流[A]　$\cos\theta$：力率[%]

無効電力

（単相）　$Q = VI\sin\theta$

（三相）　$Q = \sqrt{3}\,VI\sin\theta$

Q：無効電力[var]　V：電圧[V]

I：電流[A]　$\sin\theta$：無効率[%]

RLC直列回路の共振条件

$$\omega L = \frac{1}{\omega C}$$

ω：角速度　L：インダクタンス[H]

C：静電容量[C]

静電界

クーロンの法則

$$F = \frac{Q_1 Q_2}{4\pi \cdot \varepsilon \cdot r^2}$$

F：点電荷間に働く力[N]

Q_1、Q_2：点電荷[C]　ε：誘電率

電束密度

$D = \varepsilon E$

D：電束密度[C/m²]　ε：誘電率

E：電界強度[V/m]

電位

$$V = \frac{Q}{4\pi\varepsilon r^2}$$

V：電位[V]　ε：誘電率　r：距離[m]

静電エネルギー

$$W = \frac{1}{2}CV^2$$

W：静電エネルギー[W]　C：静電容量[F]

V：電圧[V]

磁界

ファラデーの法則

$$V = -N\frac{d\phi}{dt}$$

V：誘導起電力[V]　$d\phi$：磁束の変化量

dt：微小時間

磁気エネルギー

$$W = \frac{1}{2}LI^2$$

W：Lに蓄えられるエネルギー[J]

L：自己インダクタンス[H]

相互インダクタンス

$$M = \frac{N_1 N_2}{Rm}$$

M：相互インダクタンス[H]

N_1：コイル1の巻数[回]

N_2：コイル2の巻数[回]　Rm：磁気抵抗

フレミング右手の法則

$e = Blv \sin\theta$

e：電圧[V]　B：磁束密度[T]

l：導体の長さ[m]

v：導体の移動する速度[m/s]

θ：導体と磁界のなす角度[°]

フレミング左手の法則

$F = IBl \sin\theta$

F：力[N]　I：電流[A]　B：磁束密度[T]

l：導体の長さ[m]

θ：導体と磁界のなす角度[°]

磁束密度

$B = \mu H$

B：磁束密度[T]　μ：透磁率

H：磁界の強さ[A/m]

自己インダクタンス

$$L = \frac{N\Phi}{I}$$

L：自己インダクタンス[H]

N：コイルの巻数[回]　Φ：磁束[wb]

I：電流[A]

磁界の大きさ

$$H = \frac{I}{2\pi r}$$

H：磁界の大きさ[A/m]　I：電流[A]

r：距離[m]

電動機

回転角速度

$$\omega = \omega_0(1-s) = 2\pi\frac{n}{60}$$

ω：回転角速度[rad]

ω_0：同期角速度[rad]　s：すべり

n：回転速度[rpm]

直流電動機出力

$P = EI$

P：直流電動機出力[W]　E：電圧[V]

I：電流[A]

すべり

$$s = \frac{n_s - N}{n_s}$$

s：すべり　n_s：同期速度[rpm]

n：回転速度[rpm]

3φ誘導電動機出力

$$Po = 3I^2\frac{I-s}{s}r_2$$

Po：出力[W]　I：電流[A]　s：すべり

r_2：2次抵抗

トルク

$$T = J\frac{d\omega}{dt}$$

T：トルク　J：慣性モーメント

ω：回転角速度[rad]

用語索引

英数

AC……36
DC……36
N 相……131, 133
R 相……131, 133
S 相……133
T 相……131, 133

ア行

アンペールの右ねじの法則……84
位相……119
位相差……121
位置エネルギー……30
インピーダンス……123
運動エネルギー……30
エネルギー保存の法則……30
オームの法則……38

カ行

回転磁界……135
回路……10
角速度……156
価電子……14
価電子数……14
起電力……24
キャパシタンス……74
共役複素数……143
極座標表示……150
虚数……138
虚数単位……138
キルヒホッフの第一法則……50
キルヒホッフの電圧則……52
クーロンの静磁界の法則……80
クーロンの静電界の法則……68
クーロン力……12, 68
矩形波……36, 106
原子……12
原子核……12
原点……138
コイル……84
コイルの巻き数……84
高圧……22
硬質磁性体……82
合成抵抗……42
交流……36
弧度法……154
コンデンサ……72

サ行

サイクル……100
最大値……106
三角関数……144
三相……133
三相 3 線式……133
三相 4 線式……133
磁化……82
磁荷……76
磁界……78
磁界の強さ……80
磁荷量……76
磁気……76
磁気誘導……82

磁極……76
磁気力……80
自己インダクタンス……90
自己誘導作用……90
始線……146
実効値……105
始点……140
磁場……78
周期……100
終点……140
自由電子……14
周波数……100
ジュール熱……26
瞬時式……156
瞬時値……102
ショート……40
磁力……76, 80
磁力線……78
進相コンデンサ……129
スカラー……140
スター結線……135
正弦波交流……96
正弦波交流の時計……98
正電荷……12
静電気……64
静電誘導……70
静電容量……74
静電力……68
線間電圧……133
相互インダクタンス……92
相互誘導作用……92
相電圧……133
束縛電子……14

タ行

帯電……13
帯電列……64
単位円……146
単相……131
単相３線式……131
単相２線式……131
短絡……40
着磁……82
中性子……12
中性線……131
直流……36
直列共振……160
直列接続……42
直交座標表示……150
抵抗……26
抵抗率……28
デルタ結線……135
電圧……22
電位……24
電位差……24
電液……16
電荷……12
電界……20, 66
電界の強さ……68
電荷量……12
電気エネルギー……30
電気力線……66
電気力……12
点磁荷……80
電子殻……14
電子の流れ……12
電磁誘導作用……88
電磁力……86
電場……66
電流……16
電流保存の法則……50
電力量……32
等価回路……42
動径……146
透磁率……78
同相……119
導体……26
動電気……64

特別高圧 …… 22

ナ行

軟質磁性体 …… 82
熱エネルギー …… 30
熱振動 …… 26

ハ行

光エネルギー …… 30
皮相電力 …… 125
複素数 …… 138
複素平面 …… 138
負電荷 …… 12
不導体 …… 26
プラスイオン …… 14
フレミングの左手の法則 …… 86
分圧 …… 46
分極 …… 72
平均値 …… 106
並列共振 …… 161
並列接続 …… 44, 56
ベクトル …… 140
偏角 …… 146
保磁力 …… 82

マ行

マイナスイオン …… 14
摩擦 …… 13
脈流 …… 36
無効電力 …… 125

ヤ行

有効電力 …… 125
誘電率 …… 66
誘導起電力 …… 88
誘導電流 …… 89
誘導リアクタンス …… 117
陽子 …… 12
容量リアクタンス …… 113

ラ行

リアクタンス …… 113
力率 …… 127
力率改善 …… 129
力率割引 …… 129
レンツの法則 …… 89
60 分法 …… 154

■著者紹介
有馬　良知（ありま　よしとも）
1977年東京生まれ。
技術士（総合技術監理部門・電気電子部門）、第1種電気主任技術者（電験1種合格）、建築設備士、エネルギー管理士。
高層ビルなど大規模建築物における電気設備の工事計画や維持管理、省エネルギー対策などに従事。

●装丁　　中村友和（ROVARIS）
●編集＆DTP　　株式会社エディトリアルハウス

しくみ図解シリーズ
電気回路が一番わかる

2018年12月12日　初版　第1刷発行

著　者　有馬　良知
発行者　片岡　巌
発行所　株式会社技術評論社
東京都新宿区市谷左内町21-13
電話　03-3513-6150　販売促進部
03-3267-2270　書籍編集部
印刷／製本　加藤文明社

定価はカバーに表示してあります。

ISBN978-4-297-10255-5 C3055
Printed in Japan

本書の内容に関するご質問は、下記の宛先まで書面にてお送りください。お電話によるご質問および本書に記載されている内容以外のご質問には、一切お答えできません。あらかじめご了承ください。
〒162-0846
新宿区市谷左内町21-13
株式会社技術評論社 書籍編集部
「しくみ図解」係
FAX：03-3267-2271